마음이
편안해지는
—

주방 욕실
인테리어

마음이 편안해지는 – 주방 욕실 인테리어

1쇄 펴낸날   2023년 2월 27일

지은이   가토 도키코
옮긴이   박승희
펴낸이   정원정, 김자영
편집   홍현숙
디자인   김아란

펴낸 곳   즐거운상상
주소   서울시 중구 충무로 13 엘크루메트로시티 1811호
전화   02-706-9452
팩스   02-706-9458
전자우편   happydreampub@naver.com
인스타그램   @happywitches
출판등록   2001년 5월 7일
인쇄   천일문화사

ISBN   979-11-5536-191-7 13590

KOKORO WO TOTONOERU MIZUMAWARI NO INTERIOR
KITCHEN AND BATHROOM FOR MINDFULLNESS
Copyright © 2021 TOKIKO KATO
All rights reserved.
Original Japanese edition published by Kubunsha Co., Ltd.
Korean translation rights © 2023 by Happy Dream Publishing co.
Korean translation rights arranged with Kobunsha Co., Ltd. Tokyo
through Botong Agency, Seoul, Korea

마음이
편안해지는

주방 욕실
인테리어

가토 도키코 지음

박승희 옮김

즐거운상상

누구나 365일 접하는 공간

주방, 세면실, 욕실.
식사를 준비하고, 손을 씻고, 목욕을 하는 곳
주방과 욕실은 생활의 기본이자 몸과 마음을 관리하는 중요한 장소입니다.

그동안 뜻밖의 팬데믹 상황으로
집에서 보내는 시간과
주방에 머무르는 시간이 늘어났습니다.
쓰고 치우고 쓰고 또 치우고…….
반복되는 일상을 조금이라도 편하게 해 주는 아이디어가 있다면
하루하루가 즐겁고 풍요로워지지 않을까요?

주방과 욕실을 일하는 곳으로만 생각하지 말고
즐거움이 있는 편안한 곳으로 만든다면
분명 '업그레이드된 삶'을 살게 될 것입니다.

오늘과 내일을 살아갈 에너지를 얻기 위해
주방과 욕실을 바꿔보세요.
쾌적한 주방과 욕실을 가진 이들의 일상.
꿈꾸던 주방과 욕실, 목욕 문화의 DNA를 만나는 여행.
작은 힌트부터 언젠가는 이루고 싶은 리모델링까지.

여러분의 삶이 한걸음 더 나아지는데
작은 도움이 되길 바라며 이 책을 드립니다.

$$\text{CONTENTS}$$

CHAPTER 6

주방과 욕실을
리모델링하면 행복해진다

CHAPTER 1

건강한 주방과 욕실은
우리에게 에너지를 선물한다

업무와 집안일이
하나로 어우러진 일상

어느 작가의 에세이에서 '저녁 식사를 준비하려고 냄비를 불에 올려놓고, 원고를 쓰면서 가족이 오기를 기다린다.'라는 구절을 읽은 적이 있습니다. 일과 집안일에 선을 긋지 않고 두 가지 일을 함께 할 수 있다니……. 회사에 다니며 바쁘게 지내던 20대 시절, 그런 일상에 절로 마음이 끌렸습니다.

살림에서 손 떼지 않고도 좋아하는 일을 계속할 수 있는 프리랜서의 길을 택한 것도 이런 풍경이 마음속 어딘가에 자리 잡고 있었기 때문입니다.

시대가 변하고, 팬데믹 사태를 겪으며 이제는 많은 사람이 집에서도 일을 하게 되었습니다. '재택 근무'라는 말이 보통명사가 된 셈입니다. 집에서 식사 준비를 하고, 청소를 하고, 업무를 봅니다.

이런 일을 반복하다보니 주방에서 업무를 보게 되는 경우가 많아졌습니다. 시간의 흐름도 점점 빨라져 하나의 시간 축으로는 그 속도를 따라잡기 어려워졌습니다. 그래서 집안일과 업무를 병행하기 위해 주방 가까운 곳에 작은 홈 오피스를 마련하는 등 평면 설계에도 변화가 나타나고 있습니다.

그동안 여성의 영역으로만 여겨지던 주방은 남녀가 함께 일하는 곳으로 변했고, 업무와 일상 생활을 함께하는 주방은 많은 사람이 중시하는 공간이 되고 있습니다.

우리집에도 나만의 작은 서재가 있지만 아침이면 가장 먼저 주방으로 갑니다. 그리고 하루의 끝이 찾아오면 은은한 조명의 주방으로 조용히 스툴을 가져가 앉습니다. 주전자에서 피어나는 수증기를 바라보며 업무 아이디어를 되새겨 보는 이 시간을 매우 사랑합니다.

매일 집안일을 처리하는 주방은 장소로서의 무게감과 함께 마음을 편안하게 만들어 주는 잠재력이 있는 것 같습니다.

피로를 완전히 리셋할 수 있는
욕실과 세면실을 갖고 싶다

요즘은 '손을 씻는다'는 평범한 습관이 일상의 소중한 루틴이 되었습니다. 욕실은 긴장된 몸과 마음을 편안하게 만들어주는 중요한 공간입니다.

우리는 넘치는 정보 속에서 즐거움을 얻기도 하지만, 그것에 휘둘려 피폐해지거나 순식간에 마음의 중심을 잃기도 합니다.

나에게 소중한 것은 무엇일까?

지금의 나는 어떤 상태일까?

거울 앞에 서서, 또는 욕조 안에서 무방비 상태의 자신에게 질문하는 시간을 가졌으면 합니다. 과하게 들릴지 모르지만, 욕실은 그렇게 마음까지 씻어내는 장소라고 생각합니다. 그런 만큼 건강한 밝음과 함께 은은한 어둠을 연출해 숙면을 유도하면 좋겠습니다.

"집에서 유일하게 혼자가 될 수 있는 곳이 세면대예요. 양치질하는 동안 멍하니 바라보는 그림으로 어떤 게 좋을까요?"라는 상담을 받은 적이 있습니다.

우리집은 잡지 크기의 새하얀 그림을 벽에 걸어두었다고 답해드렸습니다. 물이 있는 공간에는 마음을 흥분시키는 그림보다는 마음을 편안하게 만들어 주는 작품이 어울리는 것 같습니다.

컬러와 물건의 가짓수를 줄이고 고요한 공간으로 연출하면 세면실은 자신과 마주할 수 있는 공간으로 업그레이드 됩니다.

Kitchen and Bathroom for Mindfulness

주방과 욕실은
가족의 추억을
엮어가는 곳

주방에는 장소로서의 무게가 있습니다. 향기, 소리, 촉감…. 주방에는 요리 과정에서 오감으로 느끼는 다양한 기억이 축적되어 있기 때문입니다. 요리를 한다는 것은 자신을 먹여 살릴 뿐만 아니라 가족이나 누군가의 건강을 챙기는 행위입니다. 그런 따뜻한 마음이 가득한 특별한 장소가 바로 주방입니다.

지금은 하늘에 계신 할머니께서 "괴로운 날도 슬픈 날도 일단은 밥을 지어라."라고 말씀해 주셨던 기억이 있습니다. 갓 지은 밥의 정갈한 향기는 기억 속 할머니의 온화한 미소와 함께 항상 격려와 위로가 됩니다.

모두의 주방에는 그런 소중한 추억이 많지 않을까요? 어떤 집에는 주방 선반에 시아버지가 아껴 쓰시던 구리 냄비를 진열해 놓았는데, 마치 가족을 지켜보며 힘내라고 격려하고 있는 듯 보였습니다.

자신을 위해 주방에서 일하는 가족의 모습은 언제나 커다란 응원이 됩니다. 정성을 다해 가꾼 주방과 욕실에서 보내는 시간은 보호받고 사랑받고 있다는 기억으로 축적되어 든든한 힘이 되어줍니다.

주방과 욕실을 가꾸고 정돈하는 것은 소중한 사람을 응원하는 지름길이 아닐까요?

Kitchen and Bathroom for Mindfulness

주방은 과거와 미래를
생각하는 곳

히라마쓰 아사 씨 집

Asa Hiramatsu | 화가
주로 유채화 작품을 전시회에 발표하고 있다.
시바타 모토유키 번역의 《걸리버 여행기》(아사
히 신문 석간 연재 소설 2020.06~2021.12)의
삽화를 담당.
www.asahiramatsu.com

때로는 책을 읽거나 머리를 식히기 위해 주방에
노트북을 들고 가 일을 하기도 한다.

'주방은 하나의 방'이라는 아사 씨.
상부장이나 벽면 타일 등 정해진 스타일에
얽매일 필요가 없다고.
벽은 운치 있는 응회석.

청소하기 쉬운 타일을 붙이지 않는 대신
기름때 등으로 더러워지지 않도록 늘 관리
하며 조심히 쓴다.
스테인리스 주방은 LA 아키텍처.
매일 밤 싱크대까지 닦는 것이 습관이다.

신중히 고른 그릇들.
매일 쓰고 세척을 반복하니 먼지 쌓일 걱정은
없다.
거실과는 또 다른 방식으로 즐길 수 있는 그림
을 장식했다.

맞은편에는 오픈 선반.
어머니에게 물려받은 물건도 많다. "어렸을 때 엄마는 요리가 다
되면 저에게 그릇을 고르게 해주셨어요. '음, 그건 색깔이 좀 아닌
데'라는 식으로 재미있게 훈련시키신 것 같아요."
옆 벽에는 기타나카 코지 씨의 동판화.

주방의 고정관념에서 해방되다

원목재를 써서 넓은 시공간을 느끼게 하는 아사 씨의 작품. 이런 그림을 그린 사람의 주방은 어떤 모습일까? 인테리어는 말할 것도 없고, 그곳에서 어떤 시간을 보내는지도 궁금했다.

집을 방문할 수 있게 되어 "주방은 아사 씨에게 어떤 장소일까요?"라고 일부러 추상적인 질문을 던졌다. 그러자 '지금'에서 조금 멀어지는 공간이라는 답이 돌아왔다.

"저에게는 '지금'이 제일 중요해요. 끊임없이 다가오는 지금의 연속을 만족스럽게 보낼 때 기분이 좋아요. 생활할 때도 작품을 제작할 때도 항상 그런 방식으로 일상의 모습을 바라보고 있지만 어쩐지 주방에서는 그렇지 않은 것 같아요.

제 그림과 감성의 기반은 '음식', 더 나아가 '맛'이에요. 주방은 스스로 맛을 만드는 '지금'에 집중하는 장소이기도 하고, '엄마 음식 중에 그런 맛이 있었지, 나도 만들고 싶어'라는 감정이 되살아나는 곳이기도 하고, 물려받은 그릇을 보면서 어머니와의 관계가 앞으로 어떻게 변할까 미래에 대해 생각하는 곳이기도 하죠.

'지금'에서 조금 벗어나 과거와 미래를 생각하는 곳이기도 해요."

오래 머무는 곳이니만큼
그림과 공예를
곁에 둔다

1. 해외 여행지에서 사 온 소금과 설탕은 둥근 모양의 작은 항아리에.
2. 세월과 함께 운치를 더해 가는 구리 주전자. 아사가야 〈브네이커피(Bnei Coffee)〉에서. 니가타 현 쓰바메 시에 있는 〈후키도(富貴堂)〉가 함께 제작한 것으로 직화에 쓸 수 있도록 손잡이 모양을 변경한 주문 제작품.
3. 미니멀하고 우아한 형태의 수전.
4. 카운터 아래 끝부분에 30cm 정도의 공백을. 오래된 가구의 잘라낸 토막을 버리지 않고 재활용해 남편이 만든 왜건. 평소 사용하는 2종류의 사각쟁반을 수납하고 있다.

촬영하는 날에도 맛있는 점심을 준비해 준
아사 씨. 요리 솜씨가 일품이다.
자주 일하는 주방 한쪽에 눈도 마음도 촉
촉해지는 장소를 만들었다. 2개의 목각은
직접 만든 것.
"그림은 호소카와 아이 씨 모녀와 파리에
여행갔을 때 아이 씨가 저녁을 만들어 주
는 동안 길가에서 그린 거예요." 그림 아래
는 이탈리아어로 아이 씨의 식단을 기록해
두었다.
여행의 기억을 주방에 두는 걸 좋아한다.

19

Kitchen and Bathroom for Mindfulness

컬러를 줄이고
여백을 살린 힐링 공간

남편이자 인테리어 디자이너인 히라와타
히사키 씨가 전체 리모델링한 집.
계절과 거주자의 기분에 따라 풍경이 변
하는 집으로 만들었다.
그림과 빛에 따라 표정이 바뀌는 여백이
가득한 갤러리 공간.

1. 골조인 콘크리트 단면에도 아름다움이 있음을 표현하기 위해 리모델링하면서 일부의 표정을 남겼다. 안쪽에 어렴풋이 보이는 것은 아사 씨가 구름을 그린 작품.
2. 가족 또는 친구들과 보냈던 즐거운 시간의 기억을 쌓아둔 코르크 탑.
3. 식사 시간을 기다리는 식탁. 식탁 뒤 액자의 녹색은 액자에 고정되어 있는 뒷판을 그대로 노출한 것. 작품은 아니지만 색이 예뻐서 장식했다. 〈안틱스 타미제(Antiques Tamiser)〉에서.

뺄셈의 미학으로 깔끔하게 정돈한 세면 공간. 카
운터 끝에는 화집류의 책들이. 장식용이 아니라
실제 목욕 중에 읽는다고 한다.
북엔드는 석재 조각을 붙여서 직접 만든 것.

1. 문 손잡이와 휴지 걸이는 놋쇠. 사용할수록
색이 깊어지고 광택이 적당히 흐려지는 운치 있
는 소재.
2. 월라이트와 오가 미노리 씨의 그림으로 한정
된 공간인 화장실을 드라마틱하게.

66

아침 시간의 산뜻한 주방.
식사 준비로 바쁘게 움직이는 주방.
그리고 깊은 밤 조용해진 주방.
주방과 욕실도
하루의 리듬이나 기분에 따라 표정을 바꿀 수 있다면….
그런 바람을 이룬 두 가족의 일상을 들여다보았습니다.

99

CHAPTER 2

두 얼굴의 주방과 욕실에서
기분 좋은 하루를 보낸다

낮과 밤, 혼자 또는 함께일 때
표정이 바뀌는 곳

후지타 씨 집

Kitchen and Bathroom for Mindfulness

아이들이 일어나기 전 한때는 소중한 나만의 시간.
아침의 신선한 햇살 속에서 수제 효소 주스를 마시며 심신을 가다듬는다.
구미 씨는 최근 먹거리와 건강에 대한 생각이 깊어져, 라이프 워크의 첫걸음으로 리빙 푸드 인스트럭터 자격을 취득했다.

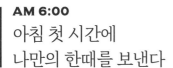

AM 6:00
아침 첫 시간에
나만의 한때를 보낸다

Family Profile
보다 나은 환경에서 아이들(8세, 5세, 3세)과의 시간을 보내고 싶어서 대도시에 살다가 하야마의 고지대로 이주했다. 남편인 나오야 씨는 재택 근무, 아내 구미 씨는 요코하마로 출퇴근한다.

재택 근무 장소는 빛이 환한 주방

삶을 쾌적하게 만드는 비결은 부부가 때로는 혼자서 또는 둘이서 기분 좋게 집안일을 분담하는 것이다. 그것을 도와주는 곳이 다름 아닌 주방이다.

"이 집으로 이사하고 나서 남편이 변했어요. 요리나 설거지도 적극적이어서, 지금은 집에서 보내는 시간을 진심으로 즐기고 있는 것 같아요"라는 구미 씨.

주방이 여성의 영역이라는 말은 그야말로 옛날 이야기. "요리가 재미있다.", "좋아하는 가족의 모습을 보면 즐거워진다." 이런 마음이 절로 드는 후지타 씨 집의 주방은 쓰기 편리할 뿐만 아니라 종일 편안함을 충분히 누릴 수 있도록 설계되어 있다.

자연광이 가득 들어오는 낮 시간에는 밝고 상쾌한 기분으로 지낼 수 있는 화이트 인테리어가 편안함을 주고, 해가 지면 주방 카운터 위의 조명이 따뜻함을 더해 한층 느긋한 분위기를 연출한다.

혼자만의 시간, 가족과의 시간, 그리고 부부 둘만의 시간 등 삶의 상황에 따라 달라지는 분위기를 조성해 일하는 공간으로서 뿐만 아니라 마음을 이어주는 장소로 큰 역할을 하고 있다.

아내와 아이들이 외출한 낮 시간에 나오야 씨는 주방 앞 다이닝룸에서 혼자 집중해 일한다.

페이퍼리스(paperless)로 일하고 있어 주변이 어질러지지 않는다. 이곳은 '임시 장소'가 아니라 일상적인 공간.

의자는 장시간 작업에도 피곤하지 않은 '프레데리시아(FREDERICIA) J-39'.

발에 닿는 촉감이 좋은 매트한 타일로 마감. 가스레인지 앞에는 빛을 머금은 듯한 타일로 포인트를.

벽에는 야마구치 이치로 씨의 그림.

항상 꽃과 함께 하는 쾌적한 공간에서 기분 좋게 일할 수 있다.

PM 4:00

아이가 귀가하기 전에
커피 타임

업무가 일단락되고 가족과의 시간으로 전환되기 전
갖는 커피 타임. 그 코너에는 현관과 접해 있는 벽 쪽
으로 작은 창이 나 있다. 이것은 디자인을 의뢰한 설
계사무소 FILE의 조언으로 만든 것.
아이들의 귀가를 바로 알 수 있고 유머가 넘치는 가
족 소통 창구 역할도 한다.
애용하는 IoT 커피메이커는 〈Goat Story〉의 GINA.
전용 앱을 이용하면 세계 유명 바리스타들의 손맛
도 재현할 수 있다.

같이 저녁 준비를 즐길 수 있는 것은 주방 덕분

1. 구미 씨가 귀가하면 부부가 함께 저녁을 준비.
주방 카운터의 안길이는 105cm로 부부가 함께 주방
일을 해도 불편함 없는 사이즈.
분위기를 조성하는 펜던트 조명이 있어 일할 때 기분
도 좋아진다.
2. 와자지껄한 저녁 식사. 식탁은 덴마크 PP 모블러
(PP mobler) 'PP850 온보드'.
익스텐션형으로 확장하면 최대 폭은 3.6m.

발아 현미밥을 금방 지을 수 있
는 CUCKOO.
밥솥이나 질냄비, 최근에는 스
팀 오븐도 자주 쓴다.
쿠쿠의 전기밥솥은 발아 현미를
6시간 만에 발아시키고 50분 만
에 밥이 완성된다.
발효 발아쌀은 보온에서도 며칠
은 맛있으므로 매일 밥하지 않
아도 된다는 점도 좋다.

방 전체를 비추는 다운라이트를 없애고 테이블과 카운터 위에만 펜던트라이트를 설치하면 또 다른 분위기의 부부 공간이 생긴다.
이 시간을 위해 식사 후에는 주방을 말끔히 청소. 싱크대를 깨끗이 닦는 습관도 이제는 힐링 포인트 중 하나.

PM 11:00
조명을 조금 신경썼더니
'부부의 시간'이 생겼다

1. 잡지 사이즈의 그림과 월라이트로 분위기를 만든다.
2. "아직 아이들이 어리다고 쾌적하고 예쁜 인테리어를 포기하고 싶지는 않아요."(구미 씨). 수건은 〈L.L.Bean〉에서.

깊은 바다를 연상시키는 공간에서
하루의 피로를 리셋

하루를 마무리하기 위한 장소이기도 한 세면대. 흰색 세면 화장대와 파란색 벽이 상쾌한 공간. 밤에는 불빛의 효과로 차분한 분위기가 된다.

바쁜 가족 모두 즐겁게 보낼 수 있도록
심사숙고한 공간

기쿠치 씨 집

Kitchen and Bathroom for Mindfulness

Family Profile

부부와 쌍둥이 딸(초등학생)이 함께 사는 4인 가족.
아내 마유코 씨는 상장기업 관리직으로 근무. 최근 부부 모두 재택 근무할 때가 많아서 리모델링 효과를 톡톡히 느끼고 있다.

AM 6:30
몸단장과 집안일을 동시 진행해
아침 시간을 효율적으로 활용

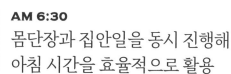

욕실과 나란히 있는 2평 정도의 세면실. 세탁기, 건조기, 서랍식 다리미판 등 세탁 기능을 이곳에 모았다.
몸단장하는 짬짬이 집안일도 가능하므로 짧은 시간에 일을 빠르게 처리할 수 있다.
(오른쪽) 세탁기와 건조기는 빌트인으로 설치하고 상부는 작업용 카운터로 사용.
수건과 가족의 속옷을 넣는 수납 공간도 넉넉해서 가사 동선이 편리하다.

AM 6:30

넓은 공간과 세심한 배려로
요리가 즐거워지는 주방

"아무래도 아침 몸단장은 여자가 오래 걸리잖아요. 아내가 준비하는 동안 아침 식사를 만듭니다." 라는 남편.

L자의 오픈 주방과 1.2×1.8m의 멀티 아일랜드.
아침 식사나 간단한 식사를 할 뿐만 아니라 일상의 여러 가지 일을 여기서 정리할 수 있도록 만든 마유코 씨의 아이디어.
일이나 쇼핑에서 돌아왔을 때도 일단 이곳으로.
뒤쪽 벽면 수납 공간에 마유코 씨의 가방이나 업무 도구를 두는 공간이 있어 귀가 후 이곳에 깔끔하게 수납한다.

PM 4:00
업무 코너와 멀티카운터 덕분에
가족이 옹기종기 모이는 곳

가족의 생활 동선을 잘 파악하여 플래닝된 주방과 욕실은 바쁜 일상에 '여유'라는 선물을 준다. 기쿠치 씨 댁의 하루를 취재하며 절실히 느낀 점이다.

주방에서 눈길을 끄는 건 커다란 카운터. 근처에 다이닝룸이 있는데 왜 필요할까 생각할 수도 있지만, 이것은 상황에 따라 용도를 변경해 사용하는 주방일과 업무 겸용 멀티태스킹 테이블이다.

'집안일과 업무를 나눠서 생각하다 보면 24시간으로 부족하다. 시간을 복합적으로 사용하면 하루가 원활하게 돌아가지 않을까?'라는 생각에 마유코 씨가 낸 아이디어다.

이 주방의 편리성은 가족뿐만 아니라 친구들에게도 인기가 좋다. 집에서 한잔하고 싶을 때면 여럿이 함께 모이기 좋은 쾌적한 주방이 있는 기쿠치 씨 집으로 간다는 암묵적 동의가 있을 정도라고.

바쁜 와중에도 기분 좋게 일하고 공부하고 인생을 최대한 즐긴다. 주방과 욕실은 이를 위한 커다란 원동력이 되고 있다.

1. 딸들은 귀가하면 우선 이곳으로. 그날 있었던 일을 이야기하거나 저녁 준비 중에도 바로 대답할 수 있어 숙제하기에도 좋은 장소. 뒷면 수납장에는 학교 관련 자료를.
2. 주방 한 구석의 업무 코너. 데스크 옆 플랩 도어 안에 프린터와 종이류를.
서랍에는 문구와 모바일용품을 가지런히 수납.
하이스툴은 업무를 보다가 집안일로 전환할 때 오히려 편하다고 한다.

주부 혼자서 모든 것을 떠맡지 않아도 되도록
곳곳에 아이디어가 있는 주방.
친구들의 도움을 쉽게 받을 수 있도록 동선에
여유가 있다

PM 6:00
'잘 구분된 수납'과 '가전'의 도움으로
부담없이 초대할 수 있는 집

1. 커트러리, 그릇, 조리 도구를 깔끔하게 정위
치에 수납. 친구들도 그 위치를 알고 있어 솔
선해 도와준다. 커트러리 수납은 〈인터 디자
인〉의 드로워 오거나이저(drawer organizer).
2. 힘들이지 않고도 탄성이 절로 나오게 만든
스팀 오븐 요리(자세한 내용은 P.159)
3. 스팀 오븐으로 저온 조리한 로스트 포크를
질냄비에 옮겨 담아 살짝 눌어붙인다. 신식과
구식 도구의 장점을 활용한 예.

초대하는 쪽도 초대받는 쪽도
진심으로 느긋해지는 시간
탁월한 조명 효과도 한몫

식탁은 보통 식사 이외에도 업무 등 다양한 용도로 쓰게 되지만, 이 집 주방에는 멀티 카운터가 있어서 식탁은 오로지 식사를 즐기는 장소로 분위기를 유지할 수 있다. 테이블은 주방 안쪽의 수납장과 같은 월넛재.

꽃을 다듬고 깨끗한 물로 갈아주
는 것이 하루를 마감하는 습관.
빛의 조각 같은 명품 조명의 드
라마틱한 불빛 아래 혼자만의 시
간에 빠져든다.

AM 0:00

고요해진 주방과 욕실에서
잠들기 전 마음을 가라앉히는
작은 의식을

밤을 여유롭게 보내기 위해
욕실&세면실에 낮과는 다
른 편안한 분위기를 연출.
1. 다운라이트와는 별개로
코너에 작은 펜던트 라이트
를 달아 마음을 풀어주는
간접광 효과. 거울 뒤 2개
의 수납장에는 부부 각자의
물건을.
2. 향기로운 목욕용품.

아파트의 주방과 욕실은 좋든 나쁘든 일정한 규격에 맞춰져 있어
어쩔 수 없이 그 틀에 따르게 되는 경우가 많습니다.
리모델링이나 DIY를 통해 주방과 욕실에
자기만의 생각과 감각을 더한 사례를 소개합니다.

— CHAPTER 3 —

아파트의 심플한 주방과 욕실에
나만의 감각을 더한다

심플한 제작 가구 덕분에
좋이하는 도구와 함께 산다

우에마쓰 요시에 씨 집

자기만의 독특한 멋이 편안함을 주는 우에마쓰 씨의 주방. 인기 만점인 요리교실도 이 집에서 진행하고 있다. 큰 리모델링 없이 이런 분위기를 내는 것은 구리 냄비와 밥통, 나무 주걱 등의 조리 도구 덕분이다.

"요리가 직업이기도 해서 흥미 있는 도구는 일단 한 번쯤 생활에 적용해봅니다. 이것저 것 사서(웃음) 사용해보고 생활에 맞지 않는 것은 버리기를 10년간 반복한 끝에 간신히 저 에게 편한 것들을 갖추게 되었어요."

지금의 도구들은 그저 보기에만 좋은 것이 아니라 우에마쓰 씨가 일상을 함께 하는 단 짝들이다. 그래서 더욱 인테리어로서도 강력한 힘을 발휘하는 듯하다. 수납 방식 또한 그 만의 개성이 엿보인다.

예컨대 주방 안쪽 벽에는 줄눈을 메우지 않고 타일을 붙인 뒤 줄눈 자리에 후크를 달아 냄비를 걸었다. 또한 상부장 문의 일부를 떼어내 오픈하고 그 아래에 심플하고 얕은 선반 을 달았다. 선반재를 고를 때는 요리할 때와 마찬가지로 소재에 특별히 신경 썼다. 목재상 에 직접 가 단면에 나무껍질이 붙어 있는 운치 있는 목재를 골라왔다고.

Yoshie Uematsu | 요리 연구가
계절에 맞는 음식과 삶을 제안하는 인기 요리사. 텃밭에서 채소를 가꾸고 제철에 맞게 몸과 마음에 이로운 요리를 하기 로 정평이 나 있다. 도쿄에서 남편과 3세 아들과 산다.
Instagram : @uematsuyoshie

손이 잘 닿도록 연구해 움직이기 쉽게 정리
된 주방. 요리 촬영을 할 때면 어시스턴트와
함께 맛있는 요리를 솜씨 좋게 차례차례 완
성해 나가는 모습이 멋지다.
매일 청소하기에도 딱 좋은 사이즈.

타일 기술자인 시아버지에게 부탁해 벽지로 마감된 벽에 타일을 직접 부착. 줄눈 부분에 후크를 박아 자주
쓰는 구리 냄비와 냄비 받침, 스피커까지 걸었다.

주방 도구는 직접 써봐야 그것이 자신에게
가치가 있는지 없는지 알 수 있다. 10년간
의 시행착오를 거친 후에야 도구의 구성과
위치가 안정되었다고.

1. 기존의 상부장 아래에 안길이가 얇은
선반을 2단 추가. 압박감이 없고 쓰기 편리
하다.

2. 싱크대 위의 상부장 한 블록은 문을 없
애 오픈으로 사용. 습기가 차지 않고 냄비
등 손잡이가 있는 것도 넣기 쉽다. 그 밑에
도 삼나무판 선반 추가.

압도적인 그릇장과
자연의 숨결을 느낄 수 있는 테라스
눈길 닿는 곳마다 좋아하는 것으로 가득

**식물을 자연스럽게 배치한
썬룸은 힐링 공간**

우에마쓰 씨 집은 아파트 1층.
테라스 벽을 따라 박스를 설치하고
나무를 심었다.
계절마다 빛, 바람 소리, 빗소리, 새
소리를 접할 수 있는 이곳은 계절에
따라 제2의 다이닝룸으로도 사용.
요리에 사용하는 허브류도 재배.

안길이 36cm의 그릇장은 오랜 세월
모아온 작가들의 그릇으로 빼곡하다.
중앙의 장식장은 뒷면에 주방과 똑
같은 타일을 붙였다.

49

Kitchen and Bathroom for Mindfulness

1. 복도 벽에는 주방과 같은 방식으로 타일을 붙여 청소 도구를.
2. 주방에서 다이닝룸과 테라스로 빠지는 동선. 왼쪽의 볼 종류를 수납한 철제 선반 자리는 원래 냉장고를 두는 곳. 냉장고는 옆방 창고에 있다.
"그때그때 사용할 식재료를 쟁반으로 나르고 있어요." 일반적이지는 않지만 그게 오히려 편하다고.

주방과 욕실 리모델링으로
집안일까지 프로가 된 기분

K 씨 집

둘째 아이가 태어나면서 집안일도 물건도 총량이 급격히 늘어났다. 행복했지만 한편으로는 쫓기는 듯한 일상에 머리와 마음이 정리되지 않았고, '나는 집안일에 재주가 없는 게 아닐까'라며 자신감마저 잃게 되었다는 K 씨. 하지만 답답한 상황은 주방과 욕실을 리모델링하면서 호전되었다.

"처음 의뢰한 것은 아이방을 만드는 것이었어요. 그런데 설계사무소 〈FILE〉의 플래너가 '편하게 생활하려면 주방과 욕실을 고치는 게 먼저'라고 하시더군요."

식사 준비와 설거지로 하루 중 많은 시간을 보내는 주방. 과감하게 주방 안에 다이닝룸을 배치한 '다이닝 인' 구조. 그리고 집안에 넘쳐나던 물건을 3일간 5명이 달려들어 미니멀라이프를 목표로 간소하게 정리했다. 꼭 필요한 것은 제자리에 넣어 카페 같은 아늑한 공간으로 만들었다.

지금은 친구를 초대하는 것도 부담이 줄었다고. 또한 세면실을 의류 수납 공간과 이어지도록 동선을 짜 세탁 후 수납이 편리해졌다. 집안일이 놀라울 정도로 편해져 "내가 생각보다 잘하고 있구나(웃음)"라는 자부심을 갖게 되었고 평온하게 가족과의 일상을 즐기고 있다.

Family Profile

남편과 두 아이와 함께 사는 4인 가족. K 씨는 WEB 디자이너, 현재는 육아 중심의 일상. 결혼 10년차, 아이가 7살과 3살 때 리모델링한 후 부부 사이도 더 좋아졌다고.

친구를 초대할 수 있는
카페 스타일 주방

수납 공간을 충분히 만들고 설비 기기의
디자인에도 신경 쓴 덕분에 어디를 봐도
행복한 기분이 된다. 낮에는 자연광으로
충만하고 밤이면 조명의 효과로 다른 느
낌의 편안함이.
전자레인지 후드는 경사 천장임에도 깔
끔하게 설치되었다.

요리 이외의 소소한 일은 선 채로 여기서 처리한다

학교 서류 체크 등 선 채로 빨리 처리하고 싶은 소소한 일이 의외로 많다. 빛과 식물로 가득한 편안한 곳,
주방은 요리만 하는 공간이 아니다.

빛이 잘 들어오는 창문 앞에 신경써서 고른 화분과
액자를 다양하게 배치해 기분 좋은 공간으로.

세탁, 건조, 수납과
일상 동선을 연결해 스트레스 없이 생활

정리하기 쉬운 수납 공간과 동선

의류를 세탁하고 건조한 후 정해진 위치
에 바로 수납할 수 있는 쾌적한 동선.
건조된 속옷류는 안쪽 선반의 박스를 가
져와 수납한 뒤 다시 선반으로.
세면실 화장대는 색상과 소재에 특별히
신경 써 K 씨의 화장대로 사용.
주방과 욕실은 어차피 더러워진다는 생
각에 예전에는 청소가 덜 되어 있어도 그
냥 지나쳤지만 한번 보기 좋은 상태를 만
들었더니 그것을 유지하기 위한 청소까지
즐거워진다고.

10m 길이의 환한 드레스룸
가족의 옷은 모두 이곳에

동쪽 창가에 약 10m 길이의 드레스룸.
다소 엉뚱한 레이아웃처럼 보이지만 세탁
기가 있는 세면실에서 가족 침실로 이어
지는 합리적 동선이다.
아이의 성장에 맞춰 행거 파이프의 위치
를 바꿀 수 있도록 하는 등 가변성 있게
만들었다는 점에서도 탁월하다.

시야가 트여 있는 밝은 곳에서
다림질과 정리정돈을 하면 기
분이 절로 좋아진다.
'가사 노동 장소야말로 쾌적하
게'는 집에 머무는 시간이 길어
진 요즘 시대 하나의 키워드.

서재와 카페 테이블이 있는 주방에서
즐기는 싱글 라이프

H 씨 집

다른 미니 서재가 신의 한수
정리하기 쉽고 기분 전환도 할 수 있어 최고!
빛이 들어오는 방향에 따라 미니 서재와 카페 테이블로
자리를 바꿔 앉는 재미도 있다고 한다.

주방 옆에 아늑한 공간을 만들었다.

자녀가 독립해 혼자 살게 된 H 씨. 앞으로의 생활을 편하고 풍요롭게 보낼 해답은 주방에 있었다. 아끼는 쇠주전자로 물을 끓이고, 밭농사를 시작한 친구가 보내온 제철 채소와 과일 박스를 풀어 간단하게 요리를 한다.

그리고 옆에 있는 작은 서재나 카페 테이블에 앉아 책을 읽거나 글을 쓰는 등 가족을 위해 주방에 섰을 때와는 다른 재밌거리를 날마다 조금씩 찾아간다.

그런 일상이 매우 만족스럽다고. 세면실도 욕조와 화장실을 한곳에 모은 호텔식 3 in 1. 넓은 공간을 확보해서 편리하고 청소하기도 쉬워 쾌적한 생활 리듬을 유지하고 있다.

Family Profile
환갑을 맞은 그는 두 마리의 개를 벗 삼아 활기차게 싱글 라이프를 즐기고 있다. 리모델링으로 젊어진 집 덕분에 딸과 손자 손녀의 왕래도 잦아졌다고 한다.

**든든한 저장품과 정돈된 생활
1인 가구야말로 대형 팬트리가 필수**

주방 옆에는 팬트리와 세탁실.
혼자 살기 때문에 예상치 못한 사태에 대비
하여 적당량의 저장품이 필요. 물건을 한눈
에 파악힐 수 있도록 선반 안깊이는 얕게.

11자형의 여유로운 주방. 식사가 소홀해
지지 않도록 요리하기 즐거운 주방. 싱
글 라이프에 큰 힘이 된다.

딸의 주방과 똑같이 만들어
서로 도울 때 편하다

같은 아파트에 사는 딸네와 같은 시기
에 주방을 리모델링. 모녀라도 집안일
하는 방식은 각자 다르게 마련인데, 주
방의 대략적인 구조를 같게 만들었기
때문에 물건 수납이나 가사 동선 등을
잘 알고 서로 쉽게 도울 수 있다. 덕분에
사이도 좋아졌다고 한다.

아파트에 재현한
스트레스 없는 3 in 1의 호텔식 욕실

세세한 부분까지 그레이 × 흰색으로 통일.
바닥은 청결하게 유지할 수 있는 타일로
통일.
바닥 난방도 완비되어 있다.
클래식한 멋이 있는 법랑 세면볼과 위생
도기는 미국 'KOHLER'. 배관 처리 때문
에 화장실 바닥이 높아졌다.

1. 48cm 깊이의 욕조에 느긋하게 몸을 담그고 휴식을 즐긴다.
2. 타월 링 같은 소품류에도 신경 썼다. 자그마한 시계(⌀21cm)는 아르네 야콥센 'Roman'.

관리하기 편한 소재 선택

3. 카운터탑은 물이나 오염물질이 쉽게 흡수되지 않는 신소재 덱톤. (자세한 것은 P.148)
4. 바닥의 먼지 흡입과 물걸레질을 동시에 할 수 있는 독일 '코볼트'. 알레르겐 물질을 99.99% 제거할 수 있다는 믿음직한 청소기이다.

가전은 쓰기 편한 장소에 깔끔하게 수납
냉장고와 전자레인지가 튀어나오지 않고 깔끔하게
들어가 있으면 보기도 좋고 청소도 쉽다. 검고 매트
한 냉장고는 'ASKO'

주방용품 이외의 수납 장소를 원하다
현관에서 엄마가 있는 주방으로 직행하는 아이들.
학교 관련 서류 등을 확인하고 바로 정리할 수 있
는 공간이 있다면 요리 중간중간 할 일을 마칠 수
있다.

살면서 한 '2주간의 공사'로
이상적인 주방을 만들다

이시카와 준코 씨 집

주방 리모델링이 꿈이지만 대체 며칠이나 걸릴지, 공사 중에는 집을 빌려야 하는지, 번거롭고 불안하다. 평소 원하던 주방을 주문 제작한 이시카와 씨.

"공사 기간이 2주였는데 공사 중에도 집에서 생활했기 때문에 부담이 적었어요. 스트레스 없는 주방을 쓰게 되니, 그동안 익숙해서 참고 지낸 부분이 있었다는 걸 알게 됐어요."

Junko Ishikawa
남편과 9살 7살 아이가 함께 사는 4인 가족. 교토 거주. 외국계 항공사의 현역 CA로 보통 월 2회 일본과 유럽을 왕복. 호기심이 왕성해 소믈리에 자격증도 가지고 있다.

신소재 싱크대와 카운터
오염을 방지하는 무공 타입

싱크대는 'KOHLER'의 신소재 네오록(Neoroc). 강력 에폭시 수지와 미세한 쿼츠 입자로 되어 있어 흠집, 오염, 변색에 강하다. 내열성과 내충격성도 뛰어나다. 카운터는 시저스톤.

터치리스 수전으로 청소의 수고를 덜다

움직임이 부드러울 뿐만 아니라 젖은 손이 핸들 부분에 닿지 않아 물방울을 청소해야 하는 수고를 덜어준다. 세련된 'KOHLER'의 센세이트.

설렘 가득한 작은 볼거리를

눈이 즐거운 곳도 하나쯤은 만들고 싶었다고. 밤에 이 간접광만 켜두면 낮과는 다른 부드러운 분위기로 바뀐다.

BEFORE

싱크대가 아일랜드와 벽면에 두 곳 설치되어 있었지만 별도로 구분해 쓰지 않았다. 벽면에 설치된 가스레인지를 쓸 때면 거실에 있는 아이들의 모습을 볼 수 없었다. 수납장도 어중간한 크기여서 가전제품이 뿔뿔이 흩어져 있었다.

리모델링 중 식사는 해체 작업 등 먼지가 많은 날만 외식. 나머지 날에는 세면실에서 물 쓰는 작업을 하고 휴대용 버너, 핫 플레이트, 전기 주전자를 사용했다.

공사기간은 2주

1일차 – 양생

2일차 – 해체

3일차 – 먹매김(공사의 기준선을 먹줄이나 먹칼 등으로 표시하는 것 – 옮긴이), 배관 · 전기 공사

4, 5일차 – 목공작업

6일차 – 미장 공사

7, 8일차 – 타일 공사(바닥)

9, 10일차 – 주방 설치

11, 12일차 – 타일 공사(벽)

13일차 – 조리 기구 설치

14일차 – 클리닝

일반적으로 가스레인지 등의 위치는 바꾸지 않고 외형적인 틀만 바꾸면 3일, 설비와 바닥 벽 공사를 포함하는 경우는 1주, 레이아웃을 변경하면 2주.

약간의 레이아웃 변경으로 동선과 시선을 정돈하다

ㄷ자형 레이아웃이 가능해 가스레인지는 짧은 쪽 변에 설치. 거실을 바라보면서 주방일을 할 수 있다. 벽면에는 매트한 타일을 헤링본 형태로 시공. 작은 창 너머는 욕실.

**시아버지로부터 물려받은 구리 냄비가
가족을 바라보고 있다.**

주방 카운터 옆 선반에는 시아버지가 모으고
아껴 쓰던 구리 냄비와 함께 화분을 장식했
다. 가족 모두가 '할아버지를 느끼는' 코너다.
벽면의 서브웨이 타일, 오래된 나무판, 선반
받침의 조합이 찰떡궁합.

**산벚나무×구리, 싱크대 위 안길이가
10cm에 불과한 장식 선반**

싱크대 위와 상부장 아래에 설치한 선반. 상
부장 아래에 다운라이트를 설치해 그릇을 비
춘다. 다이닝룸 쪽에서 보면 간접조명을 겸한
아름다운 아이캐치 역할을. 창문 윗부분을 살
짝 가리지만 손이 들어갈 수 있는 틈새가 있
어 환기나 청소에는 지장이 없다.

취재를 하다보면 이야기꽃을 피우는 곳 중 하나가 오픈 선반이다.
그 사람의 개성과 실제 생활이 고스란히 반영되어 있기 때문이다.
안길이 10cm 정도지만 수납도 도움되고 보는 즐거움이 있다.

허전한 벽면에 선반을 설치해 즐겨 쓰는 도구를 진열

시스템 주방 캐비닛의 상부장과 카운터 사이의 높이는 80cm 정도. 다소 허전해 보일 수 있는 이 벽에 안길이 20cm(상단)·23cm(하단)의 선반을 달았다.
윗선반에는 그릇을 대신해 자주 쓰는 나무 도시락 상자를 나란히 진열하고 아래 선반에는 차와 관련된 도구를 진열해 편리함과 보는 즐거움을 만끽한다.

아끼는 그릇과 작은 그림 선반은 그 사람의 내면을 보여준다

어머니로부터 물려받은 그릇을 비롯해 매일 식탁에 올리는 아끼는 일용품을 두는 선반. 제일 윗칸에는 소중히 여기는 엽서 크기의 그림을. 좋아해서 계속 쓰게 되는 물건에는 힘이 있다.

포도밭 등의 아름다운 잔원 시대를 헤이
나 비탈길을 올라간 언덕 위에 자리 잡
은 체코티 씨 집.
잔나 씨가 가꾸는 정원에서는 가꾸어 올
리브 밭도 보인다.
우거진 초목, 부드러운 바람, 새소리……
토스카나의 은총이 넘치는 곳이다.

CHAPTER 4
자연과 호흡을 맞추다

주방과 욕실은 자연과 깊이 연결되어 있습니다.
물은 하늘, 산, 바다 등 자연의 순환을 통해 얻게 되는 선물이며
식재료 역시 풍요로운 자연이 있어야 자라는 법.
토스카나의 주방과 코펜하겐의 욕실을 찾아가
자연과 호흡하며 살아가는 풍요로운 일상을 만나고 왔습니다.

자연스러운 분위기와 손때묻은
도구가 생활에 대한 애정을 말해
주는 듯한 주방. 테라스로 이어
지는 창문을 통해 들어오는 빛과
바람도 기분 좋다.

TOSCANA

토스카나의 여유로운 주방에서

체코티 씨 집

Giana Ceccotti 잔나 체코티
독보적인 가구 브랜드 '체코티 콜레치오나'의
창업자 패밀리.
교회 종사자가 살던 건물을 1993년에 구입
해 5년에 걸쳐 리모델링.
부부와 애견 한 마리가 함께 산다.
부부 둘 다 토스카나 출신.

취재 촬영 도움 : 카시나 익스시(Cassina ixc)

돌, 회반죽, 벽돌, 목재와 같은 전통적인
자연 소재를 이용한 공간. 주방은 잔나 씨
의 취미 공간 같은 느낌이다.
목재로 제작한 주문 주방과 앞에 있는 왜
건은 '체코티 콜레치오니'.

지은 지 500년 된
주택을 전통적인
자연 소재로 리모델링

다이닝룸 한쪽에 제작한 조리용 장작 난로.
현지 식재료를 삼발이에 얹어 현지에서 구
한 장작으로 시간을 들여 굽는다.
탁탁 장작 타는 소리에 귀를 기울이며 불꽃
과 굽는 상태를 지켜본다.

Kitchen and Bathroom for Mindfulness

굽고 자르고 담는
소박한 작업이 기쁨이 되는 곳

전용 나이프와 포크로 고기를 자르면 모두 환호성을 지른다. 구워진 고기에는 소량의 소금, 후추, 그리고 체코티 씨의 밭에서 수확한 향기로운 프레쉬 올리브 오일을 듬뿍 뿌린다.

엄선한 목재를 수작업으로 마무리하는 '체코티 콜레치오니'의 산뜻한 가구. 취재 중 간단한 점심 풍경을 요청했는데 잔나 씨는 진심으로 대접하고 맞아주었다.

"요리를 아주 좋아해서 리노베이션할 때 주방에 제일 신경 썼어요."라고 말했다. 주방 선반에는 손때묻은 도구들이 듬직하고 사랑스러운 단짝들처럼 줄지어 있고, 다이닝룸 한쪽에는 조리용 장작 난로가 설치되어 있다.

장작 난로에서 준비한 것은 토스카나 소고기 로스트. 밑간을 하지 않고 올리브 나무 장작으로 향을 입히며 오랜 시간 구웠다. 현지에서 생산된 재료에 감사한 마음을 담아 요리하고 가족과 친구를 사랑하며 인생을 즐긴다.

주방이라는 확실한 삶의 터전을 통해 만들어가는 풍요로운 일상을 접한 귀한 시간이었다.

1. 1인분씩 커팅보드에 담은 여러 종류의 샤퀴트리. 이것들은 근처의 잘 아는 가게에서 조달. 뒤쪽 그릇은 리처드 지노리(RICHARD GINORI)의 '베키오 화이트(Vecchio White)'.
2. 작업을 도와주는 분의 클래식한 복장도 멋있다.

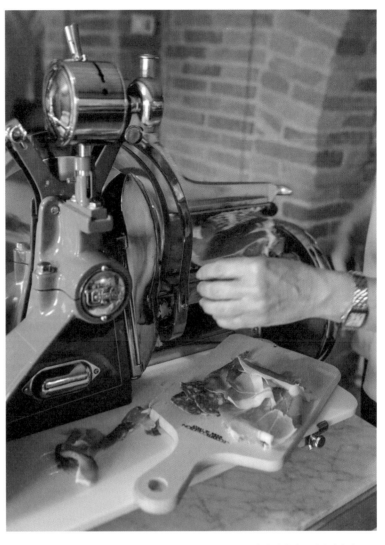

중앙 작업대에는 매일 사용하는 프로슈토(돼지고기에 소금을 발라 숙성시킨 이탈리아 햄-옮긴이)용 대형 슬라이서. 애견 쿠바도 코를 킁킁거린다.

음식을 만들고 먹는 것이
자연스럽게 이어지는 공간
시선의 끝에는
기분 좋아지는 소품을

친구를 초대한 점심. 심플한 목재
테이블 위에 가볍게 식탁보를.
느긋하게 식사를 즐길 수 있는 곡선
이 아름다운 암체어도 '체코티 콜레
치오니'.

Kitchen and Bathroom for Mindfulness

리노베이션할 때 주방과 다이닝룸 사이에
작은 벽을 만들어 가림막이 주는 안정감과
이동 시의 편리성을 확보.
'만드는 곳'과 '먹는 곳'의 적당한 거리감
으로 부담 없는 시간을.

천연석으로 만든 넉넉한 싱크대. 수납장
의 가림막을 천 커튼으로 만들어 자연스럽
게 꾸민 것도 매력적이다. 선반에는 귀여
운 동물 오브제가 즐비하다. 이곳은 쿠바
도 좋아하는 곳.

거실에서 본 꿈같은 전망.
반짝이는 초여름의 호숫가이다.
수목과 마찬가지로 물가도 계절의 얼굴을 보여준다.
프라이빗 호수가 있는 이 집은
코펜하겐 중심부에서 불과 30분 거리.

COPENHAGEN
코펜하겐의 호숫가 집에서

카밀라 귈리츠 씨 집

Kitchen and Bathroom for Mindfulness

호숫가에 안겨 있는 힐링 욕실

**전통적인 건강법을 위해
욕실과 호수를 잇는 동선**

욕실 앞의 문을 통해 호수로 향하는 데크.
욕조에서 몸을 덥히고 호수에서 몸을 식
히는 덴마크의 전통적인 건강법을 날마다
실천하기 위해서이다. 욕조는 하늘을 올
려다볼 수 있도록 낮게 설치했다.

Camilla Gullits 카밀라 귈리츠

2012년 네팔산 최상급 캐시미어, 울, 실크 등을
사용하는 라이프 스타일 브랜드 'CARE BY ME'
를 설립했다.
네팔에서의 사회 공헌을 포함한 활동이 국제적
으로도 큰 주목을 받고 있다.
자녀들이 독립해 현재는 남편과 개와 함께 산다.

긴 겨울은 혹독하지만 특별한 아름다움이 있다.
호수가 얼면 아이들의 광활한 스케이트장으로.
목욕 후 힐링하는 시간이면 고급 소재의 실내복으로 몸을 감싼다.

날개처럼 가벼운 캐시미어와 올로 만든 'CARE BY ME' 룸웨어.
일부는 글레데 glaede.jp에서.

눈앞에 밤하늘과 호수가 펼쳐지는
자연과 하나되는 목욕 타임

덴마크의 긴 밤. 욕조 가득 담은
따뜻한 물과 촛불로 힐링하는
시간은 세상 그 무엇과도 바꿀
수 없다.

심플하게 만든 화장실은 자신과 마주하기에 가장 좋은 장소. 건축과 가구의 비율, 색조를 정리해 만든 여백은 북유럽 인테리어의 커다란 매력이다.

'CARE BY ME'가 만드는 물건들과 카밀라 씨의 사진을 보고 어떻게 해서든 이 멋진 사람의 집을 보고 싶다는 간절한 바람이 생겼다. 그래서 향하게 된 덴마크.

코펜하겐 교외에 있는 그녀의 집은 호수와 맞닿아 있어 물이 빚어낸 자연과 일체가 된 듯 보였다. 그 두드러진 예가 바로 욕실. "욕조에서 몸을 덥힌 후 그대로 호수로 향해요. 덴마크의 전통적인 건강법을 매일 실천하고 있답니다."라고 말한다.

욕실에서 호숫가까지는 데크가 이어져 있다. 날마다 무방비 모습으로 왔다갔다 하노라면 수온, 바람 소리, 발밑의 감촉과 수목의 웅성거림을 통해 지구와 자신의 미미한 변화를 알아차리게 된다고.

"여기서 사는 게 행복이란 생각이 들어요."라고 말하는 카밀라의 상냥함과 씩씩함은 이 욕실 습관을 통해 다져진 것일지도 모르겠다.

눈 내리는 계절이 아닐 때는
'또 하나의 욕실'이 바로 이곳

욕실에서 호수로 곧장 이어지는 데크.
이 테이블에서 가족이나 동료들과 지내는
것도 호수 생활의 일상이다.

멋진 소품을 두면
주방에서의 일이 즐거워진다

늘 꺼내 놓고 쓰는 주전자는 주방의 얼굴

아침 첫 시동을 걸기 위해, 하루의 마침표를 찍기 위해 차를 끓인다.
주방에 자리를 차지하고 있는 주전자는 일상의 리듬을 가다듬는 단짝같은 존재.
질감에 신경 쓸 것인가, 실용을 제일로 여길 것인가.
주전자를 보면 그 사람의 생활 습관과 스타일을 알 수 있다.

세련된 디자인에 온수의 온도를 7단계로 설정할 수 있는 전기 주전자(50,
60, 70, 80, 90, 95, 100℃). 홍차와 커피는 고온, 녹차는 80도, 물을 끓일 때
는 50도가 적정 온도. Russell Hobbs 전기 T 주전자 화이트 W19.5×D13.5×
H20.5cm, 0.6ℓ, ¥13,200(오이시 앤 어소시에이트)

시간이 지날수록 적갈색으로 변해가는 구리 주전자.
주전자와의 관계가 깊어지는 과정을 눈으로 확인할 수 있는 것도 운치 있다. 열전도율이 뛰어난 구리, 니가타 현 쓰바메 시에서 제작된 것. 내부는 니켈 도금.
W20×D17.5×H24cm(현 포함) 2.18ℓ 620g
¥19,800 (히가시아오야마)

쇠 주전자로 차를 끓이는 것은 일종의 로망. 옛날식 기법에 따라 마감 시 흑칠을 해 정성껏 구워 만든 모던한 디자인. 오래 쓸수록 물의 맛이 부드러워진다. 맹물을 끓일 때 애용하는 사람이 많다. IH 가능. 남부철기의 주전자(S) 바닥 직경 12×H10.5cm 1.1ℓ 1,400g ¥71,500 (바바구리 (Babaghuri))

**고른 주전자를 보면
개성이 드러난다
소재도 모양도 제각각**

핀란드에서 가장 오래된 스테인리스용품 회사 'OPA'. 영화 '카모메 식당'에도 나온 제품. 1.5ℓ외에 2인분 용량으로 테이블에 두기 적당한 0.5ℓ 미니 사이즈도. Mari 주전자 18-8 스테인리스 직경 18.5×H18cm 1.5ℓ 560g 1.5ℓ짜리만 IH 가능 ¥12,100 (니치요샤(日曜社))

아침에 엽차나 보리차를 한가득 끓일 때는 곰솥 냄비처럼 생긴 주전자가 안성맞춤. 안쪽까지 손을 넣어 세척할 수 있는 스트레이트 주전자 새틴. 1922년 창업한 전통 있는 도구점 제품. 본체 : 18-8 스테인리스 W22.3×D16.3×H22.5m 2.0ℓ 806g ¥13,750 IH 가능 (공방 아이자와)

계절을 담는 저장 용기

제철 과일에 설탕을 넣어 절이거나 일상적인
밑반찬을 저장할 때 쓰는 용기. 단골 아이템인
저장 용기에 사치를 좀 부려보는 건 어떨까?
일상적인 루틴도 기분이 달라질 것이다.

왕년의 명품 디자인을 복각한 유리 단지

요리사의 주방을 취재차 방문할 때면 제철 과일 등을 담근 맛
있는 병을 많이 볼 수 있어 좋은 눈요기가 되곤 한다. 중진 디
자이너 올레 펄스비(Ole Palsby)의 유리그릇을 1825년에 창업
한 덴마크의 전통 유리 브랜드 '홀메가드(Holmegaard)'가 재
디자인했다. '스칼라 자(Scala jar)' (참고상품) (모두 scope)

재료 손질, 저장, 불에 올리고 식탁에까지. 법랑의 저력

전통 있는 도구점 주인에게서 '같은 아이템으로 다양한 사이즈가 있는 것이 일본 주방 도구의 특징'이라는 말을 들었다. 이 법랑 시리즈가 바로 그것을 구현한 것.
재료 손질, 직화, 오븐, 그리고 저장과 조리 스트레스를 줄여주는 멀티 기능, 유백색의 부드러운 질감 덕분에 미리 만들어 둔 음식을 그대로 식탁에 놓기도 좋다. 화이트 시리즈 라운드 10cm ¥1,320, 12cm ¥1,540, 14cm ¥1,760, 16cm ¥1,980, 19cm ¥2,200, 21cm ¥2,640 직사각형 얕은형(씰 뚜껑 포함) S ¥1,375, M ¥2,145, L(29× 22.8×H5.7cm) ¥2,420, 사각 밀폐 뚜껑 포함 S ¥1,815, M ¥2,530, L(가로세로 12.8×H12cm) ¥2,805 직사각형 깊은형 법랑 뚜껑 포함(사진 상부) S ¥2,255, M ¥2,970, L ¥3,465, LL(W26.2×D16×H11.8cm) ¥5,060 (노다 법랑)

주방 싱크대는 환경을 위한 출발점
천연향으로 힐링되고 환경에도 좋은 세제를

설거지는 손으로 한다.

귀찮을 때도 물론 있지만 그릇이나 유리잔이

깨끗해지는 과정을 보면 기분이 저절로 좋아진다.

세제의 향이 좋고 환경에 부담을 주지 않는 것이라면 금상첨화다.

1. 오이&알로에베라, 레몬&보타니컬 라임이라는 매칭이 신선한 'ORGANIC CHOICE'. '일상의 작은 사치'를 콘셉트로 하는 호주의 클리닝 케어 브랜드로, 식물 베이스의 세정 성분과 좋은 향기 덕분에 다 씻은 후 상쾌한 느낌. 환경 의식이 높고, 산림 파괴를 막아 멸종 위기 동물을 보호하기 위해 팜오일은 사용하지 않으며, 동물 실험도 하지 않는다. 디시워싱 리퀴드(500㎖) 각 ¥990(리빙·모티프)

2. 프로방스 올리브 향의 '페라슈발(FER A CHEVAL)'의 주방 세제. 160년간 프랑스의 전통 기법으로 마르세유 솝(원료 : 올리브 오일)을 만들어온 전통 브랜드가 알레르기 위험을 최소화하기 위해 개발한 천연성분 99%로 만들어진 저자극 세제이다. (500㎖) ¥990 (리빙 모티프)

3. 미네랄을 주성분으로 효모에서 배양한 재생가능한 계면활성제를 사용하는 '에코버(ecover)'. 배수된 후 미생물에 의해 분해되어 자연 물질로 돌아간다. 병은 100% 재생 플라스틱. 넉넉히 사용할 수 있는 대용량(5000㎖)도 있다. 향기는 레몬, 석류 외에도 캐모마일과 무향료·무착색의 제로도 있다. 식기용 세제 각 450㎖ 오픈 가격(에코버)

1

2

3

시크한 주방에서 미소짓고 있는
케이트 모스와 귀여운 소품

수납장 문은 지나치게 모던하지 않은 디자인이 절묘하다. 카운터에는 스누피와 찰리가 손잡이로 달린 아스티에 드 빌라트(Astier de Villatte)의 캐서롤 한정품. 시크함 속에 귀여움이 양념 역할을 톡톡히 하고 있다.

흰색과 검정, 모노톤으로 통일한 플로렌스 씨의 주방과 욕실. 왜 이런 색채 설계를 했느냐고 묻자 "완벽하게 조화를 이뤄 우아해요. 거기에 아이템을 더하면 더욱 매력적으로 변하죠."라고 답했다.

주방에서 보이는 것은 자신의 뮤즈인 케이트 모스의 초상화, 그리고 욕실에는 큰 화분과 귀여운 소품.

조명도 균일하게 비추지 않고 분위기 조성을 중시했다. 유머러스한 요소를 넣어 요리와 몸단장 시간을 창의적으로 보내고 싶다는 자신의 '취향'에 솔직해지면 이렇게 멋진 공간이 생긴다.

주방과 욕실은 어쩌면 아틀리에. 좀 더 자유롭게 만들어도 좋다.
그림, 식물, 조명…… 파리 아파트에 거주하는 플로렌스 씨의 주방과 욕실은
몸과 마음을 편안하게 만드는 솔직하고 멋진 공간이다.

목욕과 몸단장하는 시간만큼은
호사스럽게

아침에 일어나면 제일 먼저 향하게 되는 욕실. 자연광이 가득 들어와 집안에서 가장 좋은 명당자리. 바닥은 모노톤 패턴으로 재미있게, 욕조 벽에는 그림을. 따로 설치한 샤워 부스 천장에는 레인 샤워기도.

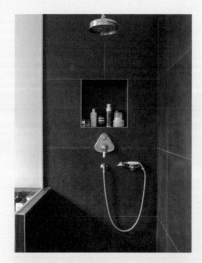

세면 화장대야말로 상식에 얽매이지 말자. 기분이 좋아지는 화장대를 만든다는 마음이면 된다. 사실은 귀여운 것을 좋아한다는 플로렌스 씨. 무늬 있는 상자에 자연스럽게 수납하는 것도 좋은 방법.

Florence Elkouby 플로렌스 엘코비
육아 중이던 30대 중반에 고급 화장품 전문 광고 대리점을 설립.
2017년 자택 리모델링 플랜을 계기로 디자인 스튜디오 'L'Appartement Parisien'을 론칭.
두 딸은 독립했고 현재는 남편과 10대 아들과 함께 산다.
Instagram : @lappartement parisien

TIP 03 | 주방과 욕실의 상상력이 확장되는 인테리어 숍

주방 안쪽의 근사한 팬트리. 월넛재와 조명의 효과로 저장된 물건마저 멋있어 보이는 뜻밖의 장치. 서재나 바(bar)로도 사용하면 좋을 것 같은 공간이다.

bulthaup 아오야마 쇼룸
도쿄도 미나토구 아오야마 6-12-4
레크레(Lecre) 미나미아오야마 하우스 2F
지하철 오모테산도 역에서 도보로 약 7분
TEL : 03-6418-1077(예약제)
kc-kitchen.com

'보여주는 팬트리'를 비롯 틀에 얽매이지 않는 스타일리시한 세계관

1949년 창업한 독일 주방 브랜드. 장인 정신과 인체 공학을 이용한 기능성과 디자인. 이를 구현하기 위해 경첩 금구에 이르기까지 모든 부품을 자사에서 개발 및 제조하는 유일한 주방업체. 동선의 효율성을 고려한 아일랜드형 주방을 최초로 만든 혁신적인 회사로 사용자 중에 유명인사가 많다.

오른쪽 상단 사진에도 나와 있는 테이블 'Solitaire b'. 상판은 목재, 유리 등 다양한 마감재로 주문할 수 있다.

드라마 'SEX AND THE CITY'에서 초호화 신발장이 화제가 된 적이 있는데,
주방과 욕실의 하이엔드 브랜드도 그에 못지않다.
꿈꿀 수 있는 새로운 발상을 쇼룸에서 체험해보자.

1. 석재에 패턴처럼 메탈을 삽입한 '트라티 비앙코 카라라(TRATTI Bianco Carrara)'. 메탈은 미드나잇 블랙과 황동 2가지 색상.
2. 조각처럼 아름다운 '아니마(ANIMA) 세면볼'.(수주 수입품) 벽에 붙인 것은 통상 폐기되는 돌 조각을 재사용한 세계 최초의 대리석 재활용 제품 '리토베르데(LITHOVERDE)'. 총 4가지 색상. (브라운 계열 1가지 색상만 재고, 그 외에는 수주 수입품)
3. '보피' 주방. 섬세한 디테일은 높은 기술력을 반영한다.

에 인테리어즈
보피 데파도바 도쿄

가구, 주방, 욕실, 수납장, 그림 등
토탈 코디가 가능한 라인업.
도쿄도 미나토구 미나미아오야마 4초메 22-5
지하철 오모테산도 역에서 도보로 약 7분
TEL : 03-6418-1077 (예약제)
에 인테리어즈 오사카 TEL:06-6479-0135
www.interiors-inc.jp

이탈리아 브랜드의 세련미를 장착한
새로운 대리석 사용법

이탈리아 하이엔드 브랜드 '보피(Boffi)'의 주방과 함께 시선을 끈 것은 지금까지 없었던 새로운 느낌의 석재. 유수의 채석장과 전통적인 석재 가공 기술을 가진, 토스카나를 본거지로 하는 '살바토리(SALVATORI)'의 제품이다.

천연석 표면에 느낌을 살린 마감재나 조각처럼 깎아 만든 세면볼 등 아름다운 이탈리아 디자인의 진수를 볼 수 있다.

CHAPTER 5
목욕하는 시간과 공간은
몸과 마음에 깊고 따스하게 스며든다

여행지에서 경험한 목욕 시간과 공간은 확실한 체감으로 기억에 남습니다. 예전에 묵었던 교토 후루마치 거리의 전통 있는 여관에는 뜨거운 물이 가득 담긴 금송 욕조가 있었습니다. 그리 크지 않은 방에 딸린 욕탕이었지만 그 향기와 부드러운 나뭇결, 창 너머의 작은 정원, 은은한 등불. 그런 세심한 배려가 내 안에 스며들어 잊지 못할 기억으로 남았습니다.

또한 아오모리 노송나무의 향이 짙게 나던 핫코다의 호텔 대욕탕은 눈앞에 너도밤나무 원시림이 펼쳐져 있어 물소리를 들으며 태고의 숲에 안겨 있는 것 같은 느낌이 들었습니다. 그와 유사한 사치를

집에 돌아와 누릴 수 있다고 생각해보세요.

욕조에 몸을 담그는 호사는 모든 이에게 주어지는 것이 아니라 어쩌면 행운입니다. 그런 마음으로 목욕하는 시간과 공간을 돌아보세요. 비록 지친 몸으로 욕실로 향하는 날들일지라도, 물의 감촉과 흐르는 물소리에 마음을 기울이고 있으면 마음이 풀리는 것 같습니다.

새롭게 주목받고 있는 훌륭한 숙소의 욕탕을 통해 지금 우리에게 힐링을 주는 욕실 인테리어가 어떤 것인지 생각해보았습니다.

사진 | 웨스틴 미야코 호텔 교토 가스이엔(佳水園)의 객실 욕탕

주옥같은 호텔에서 목욕 문화의 DNA에 빠져들다

웨스틴 미야코 호텔 교토

가스이엔

빛과 그림자가 빚어내는 공간에서의 입욕
그 편안함에 감동을 느낀다

어딘가 다실을 연상시키는 단정한
객실 욕탕.
부지 내에서 깊이 약 1,200m까지
굴착해 용출한 천연 온천을 각 객
실에서 즐길 수 있다.

목욕 문화가 이렇게까지 호사스러운 것인 줄 미처 몰랐다. 물소리, 매끄러운 감촉의 나무 욕조, 가득 담겨 찰랑대는 물. 욕조에서는 청량한 숲 향기가 은은하게 피어오른다.

물에 잠기는 것은 자연의 품에 안겨 순수한 자신으로 돌아가는 행위임을 느끼게 하는 가스이엔의 욕탕.

피부로, 소리로, 향기로 피로가 풀리는 이 욕탕은 시간과 계절이 시시각각 모습을 바꿀 때마다 실로 경이로운 아름다움을 보여준다. 늦가을에 찾아갔을 때는 수면 위로 정원의 멋진 단풍과 맑고 푸른 가을 하늘이 비치고 있었다.

밤이면 물방울과 수면 위의 물결이 희미한 빛을 발할 정도로만 조명을 밝혀 어둠의 미학을 체감할 수 있다. 삶과 자연이 하나가 되어 풍류를 즐기던 시절의 DNA를 조금이라도 되찾고 싶은 생각마저 들었다.

1. 이 얼마나 아름다운가. 신록의 계절, 눈 오는 날… 무료한 시간을 비추는 욕탕.
2. 같은 방 침실. 목욕 후에 푹 쉴 수 있다.

웨스틴 미야코 호텔 교토의 한쪽에 자리 잡은 다실 스타일의 별관 '가스이엔(佳水園)'. 일본 모더니즘 건축을 대표하는 무라노 도우코 씨의 설계. 호텔 창립 130년을 기념하여 60년 만인 2020년 여름에 리뉴얼 오픈했다. 전체 설계 감수는 오바야시구미. 각 객실 감수는 나카무라 히로시 | NAP 건축 설계 사무소
교토 부 교토 시 히가시야마 구 아와다구치 가초우초
TEL : 075-771-7111
www.miyakohotels.ne.jp/westinkyoto/room/kasu_en

자연 소재의 우아한 분위기와 부드러운
간접조명으로 정돈된 세면 화장실

편백나무, 갈대, 노송나무. 자연 소재의 미니멀 디자인
부드러운 촉감과 청량한 향기도 마음에 든다

벽에는 편백나무와 도자기 타일을 부착.
칠하지 않은 목재 × 검정 타일이 모던한 인상을 자아낸다.

편백나무로 된 물통과 의자는 현대적인 디자인. 타일 시공한
바닥은 바닥 난방으로 따끈따끈하다.

욕조와 토수구는 노송나무. 각진 면 없이 원형으로 만든 욕조
는 피부에도 눈에도 매끄럽고 부드러운 느낌.

세면장 천장은 다실에도 많이 사용되는 반자틀 갈대 베니아
천장. 소재의 힘과 장인의 기술이 이루어낸 것.

빛을 흡수하는 흙을 마감재로 사용한 바름벽. 거울 뒤에 조명
등을 넣어 그림자가 아름답다. 도자기 세면볼은 빌레로이&
보흐(Villeroy & Boch).

어메니티 박스도 가스이엔 오리지널 제품. 재질은 편백나무
로, 가스이엔의 모티브인 표주박 낙인이 찍혀 있다.

완전 독립형 스위트 빌라의 욕실.

아트 비오톱 나스

나무 향기와 '물의 정원'이
만들어 내는 감동과 힐링

물의 정원은 숙박객 이외에도 견학 가능
(예약 필수).
도치기 현 나스 군 나스 마치 다카쿠오
츠 미치우에 2294-5
나스시오바라 역에서 무료 셔틀버스 운
행(사전 예약제).
TEL : 0287-74-3300
www.artbiotop.jp

건축가 이시가미 준야가 설계한 물의 정원. 2018년 파리 '카르티에 현대미술재단'에서 개최된 그의 개인전은 1인 건축가로서는 최초의 특집 전시회였다. 한 편의 시처럼 아름다운 물의 정원 프레젠테이션에 필자도 깊이 감동 받았다.

자연과 마주하며 명상하듯 시간을 보낼 수 있는 아트 비오톱(Art Biotop) 나스. 빌라의 각 방은 계곡을 가까이에서 즐길 수 있도록 배치되어 있다. 넓은 테라스와 연결된 욕조에 몸을 맡기고 있으면 모든 것이 친화적이고 완만하게 순환되길 바라는 숙소의 마음을 체감할 수 있다.

인접한 '물의 정원'에는 160여 개의 물웅덩이가 있고 그 수면 위로 시시각각 변하는 하늘과 나무의 물그림자가 비친다. '물의 세례'라는 단어가 떠오르는 특별한 장소다.

아마네무
모던과 태고가 어우러진
세계유산과 함께 하는 체험

　아마네무(AMANEMU)가 자리한 곳은 쿠마노 옛길로 이어지는, 예로부터 정화 여행의 목적지로 알려진 땅이다. 2,000 평방미터의 광대한 부지를 가진 아만 스파에는 실내외 온욕시설을 비롯한 프리미엄 웰니스 체험이 준비되어 있다. 객실 내 욕탕은 조용한 아고 만을 바라보는 명당자리에 배치되어 있다.

이세시마 국립공원에 지은 아만의 첫 온천 리조트. 쯔키(月) 빌라를 포함한 32개의 전 객실에 온천 완비. 가시코지마 역에서 셔틀 차량으로 약 20분. 이세 자동차도로 이세니시 IC에서 약 60분.
미에 현 시마 시 하마지마 쵸 하자코 2165 TEL:0599-52-5000
www.aman.com/ja-jp/resorts/amanemu

모리(林) 스위트는 녹음 우거진 힐링 가든뷰, 나기(竹柏) 스위트에서는 잔잔한 아고 만을 한눈에 볼 수 있다.
목욕 소품 하나까지도 아만의 세심한 고객 응대가 엿보이는 세련됨의 극치. 수영복을 입고 이용할 수 있는 야외의 천연 온천 시설도 있어 스파 여행을 즐길 수 있다.

더 리츠칼튼 닛코

리츠 최초의 온천 리조트. 눈앞의 사계절과 실내의 편안함을 만끽

중후한 소재로 만든 욕실. 바깥 풍경이 한 폭의 그림 같다.

주젠지 호숫가의 난타이산을 바라보는 위치에 오쿠닛코의 자연과 조화롭게 자리한 숙소. 브랜드 최초의 온천 리조트로, 모든 객실에서 멋진 단풍을 비롯해 섬세하고 웅장한 사계절의 풍경을 바라보며 목욕을 즐길 수 있다. 또한 스파에서는 트리트먼트와 함께 노천탕을 30분간 프라이빗하게 사용할 수 있는 '온천 리트리트' 플랜도 있다.

도치기 현 닛코 시 추구시 2482
유황천 원천을 잇는 대욕탕 완비. 도부닛코 역에서 버스로 약 40분.
버스 정류장 더 리츠칼튼 닛코에서 걸어서 바로.
TEL : 0288-25-6666

에이스 스위트.
차경 없이도 조명을 잘 활용하면 긴장감이 풀린다. 욕조 옆에는 스툴을.

에이스 호텔 교토

교토 우체국을 리모델링한 편안한 공간

시애틀 호텔 브랜드 Ace Hotel. 역사적 건축물인 옛 교토우체국을 리모델링한 보존동과 신축동으로 이루어져 있으며, 객실은 세련된 친구네 집에 놀러 온 듯한 편안함이 매력. 화장실의 세면 화장대도 나무의 따스함을 도입해 호텔 같지 않은 디자인이 신선하다.

스위트룸의 욕실에는 둥그란 펜던트 라이트가 설치되어 있어, 베이스 조명을 끄면 두둥실 떠 있는 보름달을 보는 듯한 기분으로 분위기있는 목욕을 즐길 수 있다.

에이스 호텔의 아시아 1호점. 전 객실 30㎡ 이상, 다른 타입의 스위트룸이 5개. 전 객실에 구비해 둔 70~80년대 일본 음악과 외국 음악 레코드와 플레이어가 호평.
교토 부 교토 시 나카쿄 구 구루마야 초 245-2
교토시영 지하철 '가라스마오이케역'
남쪽 개찰구에서 가깝다.
TEL:075-229-9000
www.acehotel.com/kyoto

LDK 한쪽에는 작은 파티 싱크대를. 물은 즐거움의 공간을 확장시킨다.
건축 감수에 쿠마 겐고 씨, 인테리어 디자인은 LA에 본거지를 둔 코뮌 디자인.

호텔같은 편안함을
집에서 누릴 수 있다면

빛과 그림자, 흘러넘치는 물의 세례, 촉감 좋은 소재와 자연과의 일체감
근사한 호텔에서 느꼈던 목욕의 정수를 일상으로 가져올 수 있다면.
아침의 신선함과 밤의 평온함, 두 얼굴을 가진
욕실과 공간 정리 아이디어를 함께 살펴봅니다.

여행의 욕구가 사라지는
리조트 같은 욕실

이시카와 씨 집

이 공간에 최대한 큰 욕조를 둘 수 있도록 욕조 양 끝의 경사와 벽 사이의 틈새에 배관이 지나도록 세심한 아이디어로 설계. 주방과 욕실 리모델링에서는 배관 처리를 숙고하는 것도 중요한 일이다.

손이 많이 가지 않는 식물로
작은 새도 가든을

양치류, 무늬 맥문동, 속새, 컬러 리프 바위
남천 등 볕이 조금만 드는 곳에서도 잘 자
라고 손이 많이 가지 않는 식물을.
크리스마스 로즈 등 계절의 기쁨을 주는 식
물도 포인트로.

(식재 : 가라나라노키)

공기를 머금은 부드러운 물줄기를 쏟아내
는 샤워 헤드. 핸드 샤워, 레인 샤워, 토수
구 일체형의 '한스 그로헤'의 크로마 셀렉
트 280.

아침의 신선함이 넘치는 욕실. 공간(145×245cm)을 두루 활
용하기 위해 재래공법으로 리모델링했다. FRA(고품질 아크릴)
욕조, 대형 타일, 레인 샤워 그리고 외벽과의 좁은 공간 사이에
만든 정원. 물과 빛 그리고 식물이 가까이 있는 목욕 시간은 유
난히 기분 좋다.

"창을 열고 욕조에 들어가는 게 습관이 됐어요. 휴일엔 여기
서 느긋하게 시간을 보내는 게 가장 큰 즐거움이에요." 어디에
가지 않아도 좋다는 생각이 들 정도로 심신을 풀어주는 장소가
집에 있다니, 이보다 더 큰 사치는 없을 것 같다.

세탁기와 건조기를 빌트인해 제작한 수납
선반. 상부의 수납장 안에 행거용 바를 설치
하고 자주 쓰는 미니 타월은 오픈 선반에 두
는 등 세심한 아이디어를 냈다.

원목재에 요철무늬를 새겨 표정을 만들었다.

욕실 옆의 화장실도 단정한 모습. 세면 화장대의 문과 상판
은 교토의 산벚나무 원목재를 사용해 만든 것이라고 한다. 무
방비 상태가 되는 장소를 우아한 소재로 꾸미면 마음이 편안해
지는 것을 실감할 수 있다.

바닥재는 자연 소재의 사이잘삼으로 발밑이 까칠까칠하게
느껴진다. 보여주는 수납과 감추는 수납을 균형 있게 배분해
마치 호텔 수납장을 보는 듯하다.

이곳이 정돈된 상태를 유지할 수 있는 데에는 기능적인 세
탁 공간의 힘도 크다. 좋은 소재와 구성에 대한 연구로 편안함
을 만들어낸 전형적인 예다.

원목재로 맞춘
고급스럽고 편안한 세면실

화장대 같은 세면 화장대. 타월은
유기농 코튼 브랜드 '천의무봉'.
클래식한 수전도 포인트. 거울 양
쪽에는 브래킷 조명을.

밤이면 간접 조명과 양초로
다른 모습을 연출할 수 있다

하루의 마침표에 어울리는 환경 조성

아침과 저녁의 욕실에 적절한 분위기는 다른 법. 화초가 있는 부분에 풋라이트와 양초로 간접조명을 만들어 편안한 잠자리로 이어지는 힐링의 시간을.
내수성 있는 수지제 블라인드는 나닉의 우드 퍼펙트.

아파트에서도 실현 가능
빛과 바람이 통하는 욕실로 리모델링

야마나카 씨 집

배관 때문에 일부 올린 바닥도 디자인으로
복도에서 본 세면 공간. 맞은편의 왼쪽이 욕실. 욕실뿐
아니라 세면실에도 빛이 들어와 좋다. 붙박이 가구를
제작해 수납도 넉넉하게.

세면대에서 주방으로 빠지는 동선

어린 아이가 있는 야마나카 씨. 저녁 설거지
를 하면서 아이들이 목욕하는 모습을 볼 수
있어 안심되는 레이아웃이다.

세면대와 별도로 만든 약 1.5평의 세탁실. 실
내복 수납 공간을 만들어 외출에서 돌아오면
이곳으로 직행해 옷을 갈아입는다. 세탁기와
건조기 위쪽은 작업을 할 수 있는 카운터로
되어 있으며 앞에는 미니 싱크대도 있다.

목욕하는 시간이 최고로 행복한 시간.
법랑 욕조는 촉감이 부드럽고 물도 예쁘게
보인다. 핸드 샤워와 일체형인 레인 샤워도
완비. "포기하지 말고 우선 원하는 걸 말해
보세요." (히라야마 씨)

'반드시 창이 있는 욕실을 갖고 싶다'는 소망을 이뤄줄 디자인 리모델링 회사를 찾던 야마나카 씨. 아파트 욕실이 답답하게 느껴져도 대대적인 위치 이동은 어렵고, 게다가 창문까지 있기를 바란다는 건 더욱 어렵다….

이런 생각에 포기해버린 사람도 많을 것이고, 상담을 해봐도 긍정적인 대답을 얻지 못하는 경우도 적지 않다. "배관 처리만 잘하면 불가능한 일도 아

닙니다. 이 집은 바닥의 일부를 높이고 붙박이 가구 안으로 배관이 지나도록 만들어 원래 주방 창이 있던 곳으로 욕실을 이동할 수 있었어요." (설계사무소 FILE 히라야마 씨)

또한 평소 바라던 타일 벽과 법랑 욕조를 갖게 되었다. 주방은 거실 쪽으로 옮기고 그 사이에 세면대를 만들어 주방과 욕실의 동선도 보기 좋게 정리했다.

조립식 욕실, 유닛 바스의 진화

욕조 욕실 브랜드 '아스텍'의 WABURO 프리미어 SH 컬렉션.
타일은 히라타 타일, 3가지 색 중에서 선택. 수전은 SANEI.
폭 160 × 안길이 160 × 높이 220cm ¥4,400,000
폭 180 × 안길이 220 × 높이 220cm ¥5,390,000
벽을 강판 패널로 만들어 가격을 낮춘 'WABURO QL-Line
MK II' (¥2,200,000)도 발매. 운송비와 시공비는 별도

편백과 도와다석.
피부에 좋은 자연 소재도 고를 수 있다

바닥이나 벽 등 공장에서 미리 만들어진 부품을 현상에서 소립하는 유닛 바스. 한 장의 커다란 방수판 위에 설치하므로 누수 염려가 없다. 빠르면 하루 만에 완공되는 이 시스템은 1964년 도쿄 올림픽 선수촌을 위해 대형 제조업체가 개발한 것이 시초. 대량 생산으로 비용이 낮아져 이제는 일본 주택의 약 90%가 유닛 바스라고 한다.

최근 힐링 붐을 타고 유닛 바스 업체들이 다양한 아이디어를 내고 있지만 욕조는 수지제, 바닥과 벽도 대부분 수지계 패널이다. 조금 아쉬운 감은 있지만, 청소는 편할 듯하고 유닛 바스니까 어쩔 수 없다는 생각에 소재에 대한 주문은 포기하고 있는 것이 현실이다.

그런데 최근, 친환경 소재인 편백과 천연석을 사용한 유닛 바스가 첫선을 보였다. 욕조는 도와다석, 물에 젖으면 은은하게 푸른 빛이 돌고 원적외선과 음이온 효과도 기대할 수 있다고 한다.

욕조 틀로는 평소 꿈꾸던 편백나무를. 부드러운 촉감과 맑은 향기가 기분 좋게 느껴진다. 틀만 교체할 수도 있다. 바닥과 벽은 타일을 부착할 수 있고 벽면을 비추는 간접 조명도 완비. 가격이 다소 높아지지만 유닛 바스의 개념을 바꾸는 첫걸음이 될 것이다.

1. 은은한 숲 향기가 나는 편백나무 틀
2. 도와다석은 미끄럽지 않고 보온성도 높아 욕조에 적합한 소재. (둘 다 아스텍)

원하는 대로 만들 수 있는 재래공법에 비해 유닛 바스의 디자인은 획일적이다.
하지만 점차 그 사정이 달라지고 있다.

방수 처리와 짧은 공사 기간은 그대로 두고 세심한 부분까지 뜻대로 하는 '오더 유닛 바스'

유닛 바스를 만들 때 욕조, 바닥과 벽의 마감, 샤워 수전 등은 제조업체가 준비한 몇 개 중에서 고르게 된다. 이는 유닛 바스가 탄생한 과정을 생각하면 당연한 일이다.

하지만 '벽은 타일 벽으로', '법랑 욕조가 평소의 로망', '창이 있으면 좋겠다', '수전도 원하는 걸로 고르고 싶다', '우리 집의 변형 사이즈에 맞춰주면 좋겠다' 이런 생각을 하는 소비자들이 있다.

그들에게는 '오더 유닛 바스'라는 희소식이 있다. 좋아하는 소재나 부재를 고를 수 있고, 누수 걱정이 없으며, 공사는 평균 4일 전후로 유닛 바스와 재래공법의 장점만을 모은 것. 적당한 가격에 물건은 유닛 바스의 최상품과 같은 수준이다.

아직 널리 알려지지 않아 보급률은 전체의 1~2%라고 한다. 배수구가 한 군데라서 욕조 내부에 습기가 찰까봐 걱정이던 유닛 바스에 비해 오더 유닛 바스는 샤워기 아래와 욕조에 각각 방수판을 설치해 직접 배수되므로 욕조 옆면에 습기가 차지 않는다. 디자인에 더해 장점도 적지 않은 것 같다.

1. 기쿠치 씨의 집(P.34)도 오더 유닛 바스로, 유행하는 검정색의 세련된 샤워 헤드.
2. 인기 블로거 히요리 씨의 욕실. 광택 있는 2가지 색상의 타일을 붙이고 레인 샤워기도 완비. 법랑 욕조는 고급호텔에서도 사용되는 '칼데바이', 촉감이 부드럽고 물의 발색이 예쁜 데다 청소하기도 쉽다고 한다. "예쁜 소재가 반짝반짝 윤이 나니 청소도 즐거워요."라는 히요리 씨. 디자인 시공/FILE ¥5,500,000(시공비 포함) 공사기간은 4일.

스트레스 제로 욕실

부부 각자의 영역을 나누다

세면볼 앞의 거울 수납장. 거울을 두 블록으로 나누어 부부가
따로 쓴다. 서로의 물건이 뒤섞이지 않도록 배려한 아이디어.
아내는 화장품과 향수 등 힐링 아이템을.

최신 LED 조명으로 천창이 있는 듯 기분 좋게

태양광의 파장을 충실하게 재현한 빔테크의 최신 LED
조명 'EWINDOW'. 천창으로 부드러운 자연광이 쏟아
지는 것 같아 메이크업도 안심하고 이 곳에서. 시간 동
기 설정을 하면 실제 시간에 맞춰 일출부터 일몰까지
연출도 가능하다.

속옷 수납 장소를 확보

욕실에 가족의 속옷 수납 장소를 만들면
목욕, 옷 갈아입기, 세탁과 수납이라는 일
련의 행동이 정말 편해진다. 가족이 정해
진 위치를 알고 있어야 한다.

욕실은 자신과 마주하는 중요한 장소.
화장대를 따로 만들지 않고 여기서 메이크업을 하는 사람도 많을 것이다.
보다 기분 좋고 효율적으로 몸단장을 할 수 있는 아이디어를 모아봤다.

수납형 다리미판이 있으면 스피드 업

욕실에 설치한 세탁기와 건조기 옆에 수납형 다리미판을. 건조기에서 꺼낸 셔츠의 주름을 살짝 펴거나 옷 입기 전에 신경 쓰이는 부분을 다시 다리는 등 다리미판이 여기에 있으면 매우 편리하다.

드라이기를 쥐지 않고 머리를 말리는 독특한 아이디어

거울 수납장 뒷면에 후크를 부착해 드라이어를 고정. 일어서면 머리카락에 열풍이 닿도록 만든 집주인의 독특한 아이디어. 드라이어 콘센트는 선반 내에 설치.

세탁기와 건조기를 빌트인해 스마트한 공간 만들기

세탁기 주변이 복잡해지면 욕실 전체가 혼돈상태가 될 수 있다. 공간에 맞게 가로나 세로로 배열해 빌트인해보면 어떨까? 욕실에 스툴 하나와 작은 서브 조명이 있는 것도 좋다.

타올 워머로 촉감도 공간도 기분 좋게

내부에 온수가 천천히 순환하는 '피에스'의 타올 워머. 수건이 뽀송뽀송해질 뿐만 아니라 그 복사열로 욕실 온도가 쾌적해진다. 다이얼로 온수 온도를 조절할 수 있고 장마철 곰팡이 예방책으로도 효과적이다.

몸과 마음을 가다듬는 '물의 시간'
소품을 즐기면서 가짓수를 줄여보자

욕실 인테리어는
색을 줄이는 것부터 시작

여행지의 호텔 욕실에서는 긴장감이 풀리고 등 근육이 쭉
펴지는 듯한 편안함을 느낀다. 그렇게 느끼는 이유 중 하
나는 컬러의 수가 적기 때문. 소품과 클리너류를 재점검하
면 훨씬 기분 좋은 공간으로 업그레이드 할 수 있다.

1. 2WAY 리필용 병은 캡 부분을 조절해 로션 또는 무스 형태로 전
환할 수 있다. 청소용 세제 등에 사용. 그립감 좋은 가로세로 6cm.
'b2c 2way 스프레이 보틀' 500㎖ ¥1,045(sarasa design lab)
2. 런던의 St.James Street에 가게가 있는 'D.R.HARRIS'의 치약.
불소, 인공 착색료, 인공 감미료가 들어 있지 않으며 알로에베라가
함유된 은은한 스피아민트향. 일상에 상쾌함을 주는 럭셔리한 물
건. ¥2,860 (리빙 모티프)
3. 튜브를 짜는 도구. 치약 짜는 방법 때문에 가족 간에 생기는 사
소한 다툼을 없애준다. 'TUBE WRINGER' ¥3,850 (리빙 모티프)
4~6. 흡수성 있는 규조토를 이용한 상품. 왼쪽부터 'TOOTH

BRUSH STAND' 불필요한 수분을 흡수해 칫솔을 청결하게.
¥4,400
5. 'SOAP DISH circle' ¥1,980 비누는 'SAVINNERIE DE BOR
MES SOAP' ¥550 (리빙 모티프)
6. 'AMENITY TRAY' ¥5,500 (규조토 아이템은 모두 soil)
7~9. 세탁세제, 섬유유연제, 표백제 등은 'b2C LAUNDRY BO
TTLE'. 왼쪽부터 S ¥770 M ¥880 L ¥990 용도별 스티커 (별도 판
매) 있음 (모두 sarasa design lab)
10. 유기농 'elizabethW 핸드크림' (97㎖) ¥3,960 (리빙 모티프)
11~13. 도자기의 하얀 질감이 호텔 분위기를 내는 'b2c 세라믹

보틀. 헤드로 무스 타입과 로션 타입을 선택할 수 있다. 왼쪽부터 로션 타입 mini ¥1,430, 무스 타입 S ¥2,200, L ¥2,640 (sarasa design lab)

14. 덴마크 'MOEBE'의 벽거울. ∅30cm ¥17,600(리빙 모티프)

15. 인도 북부 숲에서 생산된 꿀과 밀랍으로 만든 '꿀 비누'(90g) ¥1,320(바바구리)

16. 돌 같은 질감과 중량감의 티슈 케이스. 윗부분이 몇 mm 오목하게 들어가 있어 액세서리 트레이로도 사용. '티슈 케이스 gran roof' (티슈 사이즈 최대 245×120×60mm) 그레이 ¥4,070(ideaco)

17. '하프 티슈 케이스 bar half' 화이트 ¥3,850(ideaco)

18. 건조기용 '드라이어 볼' 각 ¥1,980(sarasa design lab)

19. 덴마크 'MENU'의 '솝 펌프 화이트'. ¥14,300 (아펙스)

20. 'MENU'의 '컨테이너 화이트'(Φ8.5×11cm) ¥8,800 (아펙스)

21. 경석 ¥275 (리빙 모티프)

수건은 욕실의 중요한 인테리어 소품
빨리 마르고 부피가 크지 않은 리넨과 모달에 주목

필자는 단독주택에서 아파트로 이사한 후 수건을 선택하는 기준이 달라졌다.
수납 장소가 한정되어 있고 세탁 후 집안에서 말리기 때문에
촉감이 좋고 세련되면서도 부피가 크지 않고 잘 마르는 것이 필수 조건.
특히 목욕 다월은 흡수성과 방습성이 뛰어난 리넨과 모달을 주로 쓰고 있다.

코튼×모달의 부드러운 감촉

실크를 연상시키는 부드러운 촉감과 광택. 너도
밤나무의 식물 섬유를 원료로 하는 모달의 질
감을 표현하는 말이다. 모달은 흡습성과 방습성
이 우수한 소재. 세계 일류 호텔에서도 사용되는
'hamam'의 Ash 핸드 타월(50×100cm) 각 ¥7,150
목욕 타월(70×140cm) 각 ¥16,500 위에서부터 화
이트, 아이보리, 베이지, 다크 그레이(hamam/
SELFULL)

봄여름에 특히 좋은 워시드 리넨

더운 계절 샤워 후 대형 워시드 리넨으로 몸을
감싸면 기분이 좋아진다. 핀란드에서 유일하
게 CELC(유럽 리넨&마 연맹)로부터 'Masters of
Linen'(고품질 유럽 리넨 제품에 대한 유일한 칭호 인
정)을 받은 팩토리 제품 KASTE towe(195×180cm)
white-linen, grey-white 리넨 100%(washed) 각
¥12,650 (Lapuan Kankurit 오모테산도점)

날개처럼 부드러운 와플 리넨

리넨이라고 하면 보송보송한 촉감을 떠올리지만
이 제품은 와플직 특유의 폭신폭신한 느낌도 가
지고 있다. 원단의 올록볼록한 부분이 흡수성을
향상. 또한 일반 목욕 타월보다 약간 작기 때문에
수건걸이 주변도 깔끔하다.
Forest 목욕 타월(70×130cm) ¥8,228 핸드타월
(26×26cm) ¥1,694 (LINEN&DECOR)

수제품만이 줄 수 있는 힐링

인도 북동부에서 재배한 목화를 손수 길쌈하고
천으로 짜서 정성스럽게 만든 타월. 대량생산한
제품에서는 느낄 수 없는 따뜻한 분위기가 인테
리어로서도 매력적이다. 조금 얇게 짜서 건조가
빠른 것도 장점.
목욕 타월(75×160cm) ¥9,460 (바바구리)

고급 유럽산 리넨을 파일직으로

물기를 빠르게 흡수하고 건조도 빠른 리넨
의 특징은 그대로 두고 파일직으로 짜 적당
히 풍성하게 만든 타월.

Sophia 바스타월 (64×144cm), 라이트 그레이
¥7,480, 페이스 타월 라이트 그레이, 화이트
(34×63cm) 각 ¥2,640 (LINEN & DECOR)
RHOMTUFT 타월 행거 W47.5×H166cm)
¥24, 200(리빙 모티프)

쾌적한 루틴을 도와주는
집사 같은 소품들

양치질을 하고 샤워를 하고 몸단장을 한다.
매일 계속하는 루틴이기에 그 뒷정리까지 모두 편하고 기분 좋게 하고 싶다.
디자인까지 괜찮아 보이는 훌륭한 소품들을 한 번 시도해 보는 건 어떨까?

세우거나 걸거나
물이 잘 빠지는 컵

욕실에서 의외로 신경 쓰이는 것이 양치컵의 바닥면. 물기를 없애 깨끗한 상태로 유지하고 싶을 것이다. 이 컵은 손잡이를 스탠드 삼아 세우거나 후크에 걸어 습기를 제거한다.
완만한 커브를 가진 일체성형이라 물방울이나 더러움이 잘 쌓이지 않고 손쉽게 씻어 닦을 수 있다. 크기도 작아 매일 하는 양치질에 딱 좋다.
PLYS base 텀블러 (W8×D10×H6cm) 화이트, 블루, 그린, 브라운 각 ¥550(오카)

스퀴지는 욕실의 머스트 아이템

아직 써본 적 없다면 꼭 써보시길! 가볍게 스치기만 해도 물방울을 말끔히 제거할 수 있는 스퀴지는 욕실의 머스트 아이템이다. 유리문, 벽, 거울의 물방울을 모두 깔끔하게 제거한다. 손잡이가 긴 제품은 천장까지, 미니 타입은 카운터의 세세한 부분까지 커버할 수 있다. 후크에 걸어두어도 눈에 거슬리지 않는 세련된 디자인도 매력적이다.
18-10 스테인리스·PVC제 독일 'ZACK' JAZ 욕실 스퀴지 40082 경면가공(미러폴리싱) 마감 S (20.5cm) ¥10,780 M(42.5cm) ¥11,880 (비자인)

메이크업용뿐만 아니라 작은 변화까지 알아챌 수 있는 확대경

1. 덴마크 디자인 컴퍼니 'MENU'의 페페마블 미러. 대리석이 독특한 고급스러움을 연출. 바탕재가 있으면 벽에도 붙일 수 있다. 확대경은 3배. 황동(W25×D3×H26cm) 화이트, 브라운 ¥96,800 (아펙스)

2. 유럽을 비롯해 세계 70개국 호텔 및 스파에서 많이 사용되는 독일 'DECOR WALTHER'의 암(arm)형 확대경. 5배 확대경으로 세세한 부분까지 선명하게. (미러 : ⌀13.5cm 받침대 : Φ17×1.5cm, 암 최대 높이 : 80.5cm) ¥33,000(리빙 모티프)

66

더 나아가 주방과 욕실을 나만의 스타일로 주문 제작하고 싶은데
구체적으로 어디서부터 해야 할까?
지금부터 한다면 어떤 리뉴얼을 해야 할까?
사실은 그런 구체적인 정보야말로 세상에 나와 있는 게 별로 없습니다.
그래서 최신 리모델링 정보를 엄선했습니다.
주방과 욕실을 감성적이고 행복이 넘치는 곳으로 만들기 위해서.

99

CHAPTER 6

주방과 욕실을 리모델링하면
행복해진다

대량생산이 아닌 사람의 손길을 느낄 수
있는 마감도 '재팬디'의 한 요소.
수공예적인 고집과 최신 설비가 접목된
세련된 산벚나무 재질의 주방.
(설계사무소 FILE 교토 쇼룸)

알고 있나요? '재팬디'

일본과 북유럽의 디자인은 원래부터 친화적인 면이 있었지만, 최근 들어 보다 친밀하게 융합한 '재팬디' 스타일이 주목을 끌고 있다. 한마디로 재팬디*란 질 좋은 목재 등의 자연 소재를 사용하며 불필요한 것을 드러내지 않는 차분한 스타일을 말한다.

덴마크를 방문하면 여백이 있는 실내 공간에 마음을 빼앗기게 되는데, 그것은 어딘가 일본의 다실과도 통하는 느낌이 든다. 그곳에 모이는 사람들의 마음이 온화해지고 서로의 존재를 느끼게 되는 여백. 지금 많은 사람이 이런 평온함을 추구하고 있는 듯하다.

최근 카운터 탑의 소재와 조리 기구 역시 날로 좋아지고 있어, 차분한 디자인에 뛰어난 기능을 갖춘 데다 관리까지 편해지고 있다. '재팬디' 스타일의 주방과 욕실을 위한 힌트를 살펴보기로 하자.

* Japanese와 Scandinavian을 믹스한 인테리어 스타일 - 옮긴이

그릇이 돋보이는 천연목 마감의 수납장

시간을 들여 모은 그릇들이 예쁘게 보이면 문을 열었을 때
기분이 좋고 그릇도 조심히 다루게 된다.

자연 소재의 편안한 아름다움

위쪽 문은 깔끔하게 마감되도록 베니어판으로.
아래의 플랩 도어는 포인트가 되도록 원목재 틀에 라탄으로
마감.

묵직한 느낌의 우수한 조리 기구와 상판

매트한 질감이 근사하고 관리가 편한 시저스톤(P.145).
'ASKO'의 인덕션 히터(IH). 주변은 산벚나무.

수공예적인 아름다움의 접이식 문. 수납도 충분

다이닝룸 쪽에는 접이식으로 여닫을 수 있는 수납장. 앞면
이 거의 다 열린다. 고도의 기술을 요하는 제품.

덴마크에서 만난 재팬디

1. 디자인 스튜디오 'FRAMA'의 쇼룸에 전시된 미니 욕조는 쇼와 시대의 욕조 같은 정겨움이 있다.
2. 오래된 창고를 리노베이션한 '애드미럴 호텔'의 어딘가 일본 느낌이 나는 욕실. 둘 다 코펜하겐에서.

기분 좋게 '물건 소유하는 법'을
배우는 주방 캐비닛

주방에는 다양한 도구가 필요하다. 냄비처럼 큰 물건은 조리대 밑에 넣는다고 해도 그릇, 커트러리, 슬라이서, 조미료, 랩, 밀폐용기, 건조식품, 수저 등은 큰 상자에 수납하면 넣고 빼기 어렵고 막상 필요할 때는 찾을 수 없어 유통기한이 지나거나 두 번 구입하는 경우도 생긴다.

그런 번거로움에서 벗어날 수 있는 구세주로 생각해낸 것이 주방 캐비닛이다. 끝까지 빠지는 서랍, 안길이가 너무 깊지 않은 선반, 제자리를 분명히 정해두는 수납 아이디어로 구석까지 한눈에 훤히 보인다. 물건을 알차게 활용하고 적당량을 유지하면 불필요한 움직임과 시간 낭비를 쉽게 줄일 수 있다.

한눈에 볼 수 있어
꺼내기 쉽고
과소비도 예방

폭 130cm×높이 220cm의 캐비닛.
카운터의 높이는 92cm.
서랍은 전체 10단. 안길이 60cm
에 높이는 수납물을 고려해 각각
높이 방향으로 로스가 나오지 않는
8cm, 11cm, 16cm의 3타입. 레일은
부드러운 풀 슬라이드.
중간 부분은 가전제품용 오픈 선반.
병 한 개 정도를 둘 수 있는 안길이
11cm의 장식선반은 재미 삼아 만
든 것.
윗부분은 안길이 30cm로 너무 깊
지 않아 물건을 꺼내기 쉬운 선반.

문 달린 수납장은
선반널의 수를 여러 개

여닫이문(좌)

1단 : 유리잔(보관용 포함) 24개, 와인 글라스 3개, 머그컵 2개, 찻종지 2개, 커피잔 4개
2단 : 납작한 접시(⌀17~21cm) 5장, 타원 접시(17×14cm) 2장, 사각 접시(16~25cm각) 3장
3단 : 납작한 접시(⌀16~21cm) 16장
4단 : 납작한 접시(⌀18~21cm) 7장, 사각 접시(20cm×15.5cm) 4장
5단 : 사각 접시(29×12cm) 2장, 납작한 접시(⌀16~21cm) 6장

여닫이문(우)

1단 : 차통 6개, 티포트 3개, 차선 등
2단 : 볼(⌀20cm) 2개, 납작한 접시(⌀17~20cm) 8장
3단 : 납작한 접시(⌀21~27cm) 10장
4단 : 볼(⌀21.5cm) 4개, 오목한 접시(⌀23cm)와 납작한 접시(⌀28cm) 각 1장
5단 : 오목한 접시(⌀27cm) 4장

서랍의 깊이는
8cm, 11cm, 16cm의 3타입
잘 보이도록 칸막이와 용기도 연구

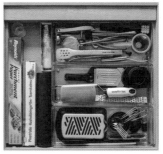

4

5

6

7

1. 일반 조미료는 보이는 용기에(H8cm)

무엇이 들어 있는지 한눈에 보인다.

용기(17.5×12.5cm) 4개 : 각종 가다랑어포와 가다랑어 가루 등.

용기(가로 세로 10.5cm) 15개 : 말린 과일, 말린 무화과, 염장 다시마, 검정깨, 흰깨, 파래가루, 다시 팩, 잔멸치, 굵은 설탕, 흑설탕 등.

용기는 'OXO' 록탑 컨테이너.

2. 흰색 앞접시도 형태별로 나누어 포개서 보관(H11cm)

같은 크기와 비슷한 디자인이라고 해서 포개놓으면 물건을 찾기도 꺼내기도 어렵다. 그때문에 서랍의 단수를 늘린 것이므로 반드시 형태별로 포개자. 앞접시(∅10~1cm) 50장, 종지 15개, 컵 4개, 주발 2개

3. 핸디 제품을 빨리 꺼낼 수 있도록(D8cm)

사란 랩, 은박지, 쿠킹 시트 각 1개

집게, 와인 오프너, 티 스트레이너, 거품 거름망, 마늘 다짐기, 고기 망치, 포테이토 매셔 각 1개

치즈 그레이터, 만능 그레이터, 슬라이서 각 1개

채칼, 계량컵, 계량 스푼 각 1개, 스패출러 3개

플라스틱 칸막이 박스는 '인터 디자인'(38×15×5cm)

4. 컵은 포개지 않고 수납(H1cm)

컵 앤드 소서 18 세트, 수프 컵 4개, 밀크 피처 3개, 설탕 단지 1개, 볼 2개, 설탕 14포.

5. 물통과 도시락통 자리를 만든다(H16cm)

보냉 백 1개, 야채 탈수기 1개, 물통 4개, 밀폐용기 2개, 도시락통 2개, 냄비(저장용기) 1개 접시 (18.5×9cm) 6개

6. 재고품은 표면이 보이도록 수납(H16cm)

통조림, 밀가루, 커피, 파스타, 마른 국수, 크래커, 말린 과일, 차 등.

세우거나 눕히는 등 각각의 표면이 보이도록 고민해 수납.

7. 밀폐용기는 사이즈와 정량을 정한다 (H8cm)

'이와키 글래스' 내열 유리 용기(가로세로 9cm) 4개, (가로세로 13cm) 4개, (가로세로 18cm) 2개, (18.5×9cm) 6개 '이와사키공업' 라스트로웨어(타파 15×10.5cm) 4개, (가로세로 9cm) 2개

※ 용기는 2단으로 포개서 수납. 페이퍼 냅킨 40장(∅10cm의 유리용기에), 키친타월 6장

8

8 눈이 즐거운 앞접시 콜렉션(H8cm)

앞접시(∅10~15cm) 36장, 종지 17개, 찻종지 4
개, 주발 3개

**9 건조식품을 너무 많이 사지도, 바닥나지도 않
게 수납(H11cm)**

용기(가로세로10.5×H12cm) 5개 대추야자, 퀴
노아, 건포도, 잡곡, 레드페퍼.
용기(17×13×H7.5cm) 9개 쇼트 파스타 3종(펜
네, 오레키에테, 푸질리), 다시마, 표고버섯, 완두
콩, 견과류, 보리.
용기는 'OXO' 록탑 컨테이너.

**10 시판하는 칸막이로 사이즈별 커트러리 수납
(H8cm)**

(상단) 디너 포크·나이프/ 디너 스푼/ 수프·디저
트 스푼/ 스푼(옻칠), 사기 숟가락/ 스푼(나무)
등/ 서버류/ 포크(퐁듀용) 등
(하단) 젓가락/ 젓가락/ 스푼/ 케익 포크/ 티스
푼/ 버터나이프, 양념용 수저/ 커트러리 레스트,
수저받침
칸막이 케이스는 '인터디자인'.

9

10

Kitchen and Bathroom for Mindfulness

KITCHEN CABINET MEMO

'180cm 폭'에 들어가는 주방 캐비닛

아파트의 싱크대 뒷면에는 식기장용으로 폭 180cm의 공간이 확보되는 경우가 많다.
그 장소에 추천하는 기능적인 캐비닛이다.

2가지 모두 폭 180×안길이 60×높이 220cm

1. 왼쪽 서랍 안에 휴지통 2개를 좌우로 배치 ¥876,000~
2. 좌우 서랍의 한쪽이 휴지통용, 앞뒤로 2개 배치 가능. 다른 한쪽은 밥솥 등을 넣을 수 있는 슬라이드 선반. ¥802,000~
쓰레기통 상부에는 쓰레기봉투나 종이봉투를 함께 넣을 수 있는 선반널.
남김없이 수납할 수 있도록 서랍은 조금씩 깊이를 다르게 하고 상부장의 선반널은 넉넉하게 4장.

※ 타일 패널은 옵션. 사이즈, 면재, 손잡이의 디자인은 주문 가능(위의 가격과 달라진다.)

문의처 :
FILE 도쿄 TEL : 03-5755-5011 수요일 휴무(예약제)
FILE 교토 TEL : 075-722-7524 수요일 휴무(예약제)
file-g.com

주방 문만 바꿔도
공간이 달라진다

미카미 씨 집

**거실 쪽의 가림벽도
동일한 도장 마감의 패널을**

주방, 캐비닛, 가림벽의 마감을 통일해
공간이 연결되고 편안한 느낌을 준다.
고급스러운 인상은 주문 제작이기에
가능한 것.

주방 문의 재료는 바닥이나 벽과 마찬가지로 집의 분위기를 결정하는 중요한 요소. 오픈 주방이라면 색, 소재, 도장이 유광인지 매트인지, 거실과 조화를 이루는지도 신경 쓰인다. 다만 하나에서 열까지 주문해서 제작하는 주방은 비용도 각오를 해야 한다.

"레인지와 싱크대 그리고 그 배치는 국내 시스템 주방 중에 원하는 게 있었어요. 다만 원하는 문을 찾을 수가 없어서⋯⋯".

고민 끝에 찾은 답은 문만 교체하기. 합리적인 가격의 시스템 주방을 설치한 후, 이전에 가구 제작을 의뢰한 적 있는 설계사무소 'FILE'에서 목재문을 제작 및 도장해 교체. 기성품에는 없는 하프 매트 도장 마감은 가구 같은 느낌을 준다. 향후 교체할 수도 있어 안심이 된다고.

뒤쪽 캐비닛은 주문 제작

I형의 255cm 주방은 다카라. 문 교환은 약 40만엔(설치비 별도). 뒤쪽 캐비닛은 100만엔.
현재 신축 아파트의 주방문 중 80%는 시트 부착.
표면이 노후화되었을 때에도 문만 교체하는 것을 추천.

BEFORE

새 것이라 깨끗했지만
통일감을 선택

문만 분리해 교체. 일반적으로 주방 문의 종류는 합리적인 가격의 시트 부착, 멜라민재, 법랑, 그리고 목재를 얇게 슬라이스한 베니어판에 도장 마감 등이 있으며 각각 가격이 크게 다르다.

**같은 디자인으로 색상만 달리한
붙박이 가구로 거실과 조화를**
거실의 붙박이 가구는 회색의 매트한 도장
마감으로 차분한 분위기 연출.

Tomoko Mikami
어머니와 오랫동안 살고 있는 아파트의 거실과
주방을 심기일전하는 마음으로 리모델링.
아버지로부터 물려받은 회사를 경영하느라 바
쁜 나날을 보내고 있다.

아름답고 실용적인
워크톱 소재

워크톱은 사일스톤의 '펄자스민'.
사일스톤은 스페인 유래의 쿼츠
스톤.(코센티노)

'비앙코 드리프트'라는 이름처럼 흰색과 회색빛이 섞여 있는 우아한 느낌. 시저스톤은 이스라엘 유래의 쿼츠스톤인 파이오니아. (컴포트)

시저스톤(Caesarstone) · 사일스톤(SileStone)

아름다움이 변하지 않는 투명감 있는 새로운 쿼츠 계열

매일 접하는 주방과 세면대의 워크톱은 보다 세련된 인상과 터프한 내성을 가진 쿼츠스톤이나 세라믹 스톤이 보편화되어 있다.

천연광물인 쿼츠(수정)를 가루로 만들어 다양한 색을 입힌 후 블렌딩하면 천연석보다 투명하고 한층 더 세련되어 보이는 쿼츠스톤이 만들어진다.

또한 자기, 유리, 쿼츠 등 20종류 이상의 고기능 소재로 만들어진 세라믹 스톤은 지금까지 없었던 매트한 질감과 인더스트리얼한 형태를 띤다.

둘 다 만들어진 과정을 통해 알 수 있듯이 흠집이나 마모에 대한 내성이 높고 거의 구멍이 없기 때문에 흡수율이 낮고 물이 스며들어 변색될 염려가 거의 없다. 아름다움이 변하지 않는 신소재이다.

투명감 있는 흰색을 찾는다면 시저스톤 '프로스티 카리나(Frosty Carrina)'. 쿼츠는 모스 경도 7의 가장 단단한 광물 중 하나. 다이아몬드의 경도 10에는 미치지 못하지만 화강암 6, 대리석 3에 비해 흠집이나 마모에 대한 내성이 높다. 구멍이 거의 없어 위생면에서도 안심할 수 있으므로 제빵도 직접 카운터에서. (컴포트)

워크탑 뿐만 아니라
벽면과의 토탈 코디도

1. 강력하고 다이내믹한 형태로 대리석의 스케일감을 훌륭하게 표현한 드라마틱한 표정의 하이엔드 컬렉션 '엑스커버(Excava)'. 둘 다 시저스톤(컴포트)
2. 클래식한 스타일에도 어울리는 '무어랜드 포그(Moorland Fog)'.

덱톤(DEKTON)

그대로 칼질도 할 수 있다
독특하고 매트한 질감도 인기

H 씨 집(P.62)의 세면대 카운터는 중후한 느낌이 인기인 '시리우스'.
"수분이 들러붙거나 스며들지 않는 소재라서 관리하기 매우 편해요."

20종류 이상의 고기능 소재로 만들어진 신소재 덱톤. 소결(燒結) 기술과 독자적인 프레스 기술로 전자현미경으로도 미세한 구멍을 거의 볼 수 없을 정도. 흠집에 대해 유례없는 강도를 가지며 도마 없이 칼질을 할 수 있는 제품도 많다. 또한 내열성이 뛰어나 고온의 조리기구를 바로 놓을 수 있는 터프한 소재이다. 왼쪽은 '켈리야(KELYA)' (코센티노)

시멘트나 콘크리트 같은 매트한 질감도 덱톤의 큰 특징.
판 두께는 4mm, 8mm, 12mm, 20mm, 30mm 등 5가지 종류가 있다. 카운터뿐만 아니라 문의 소재 등 사용 범위가 넓다.

흔들리지 않는 내구성의 스테인리스. 두께와 마감에 따라 느낌에 큰 차이가 난다. 헤어라인 마감(우)과 더불어 인기인 것이 흠집이 눈에 잘 띄지 않는 바이브레이션 마감(좌). (TOYOURA showroom TOKYO)

스테인리스

고급스럽고 느낌 있는 표정의 제품이 부동의 인기

인공 대리석이라는 선택지

아크릴 수지와 폴리에스테르 수지를 주성분으로 하는 인공 소재. 주방·세면대의 카운터로 가장 인기 있는 소재. 이음매가 보이지 않는 심리스 접착이 가능하므로 반입 경로가 한정되어 있어 대형 카운터 재료를 반입할 수 없는 주택에도 많이 쓰인다.

중량감 있는 스테인리스와 응회석 벽이 서로 조화를 이루는 히라마쓰 씨 집(P.14)의 주방.

미니 싱크볼이라는 작고 새로운 습관

책상 옆에

책상과 잘 어울리는 미니 싱크볼. 일과 휴식의 구분이 어려운 재택근무를 할 때 손을 씻으며 기분 전환 할 수 있다. 슈이 컴포트 쁘띠(Shui Comfort Petites) 가로세로 27.7cm ¥49,500(히라타 타일)

침실 옆에 세면 캐비닛

캐비닛과 미니 싱크볼이 세트로. 캐비닛 폭은 85cm, 120cm, 165cm의 3종류. 안길이는 50cm. 165cm는 더블 볼도 가능. ASSEMBLAGE ¥275,000~ (히라타 타일)

카운터 포함. 현관이나 복도 한 쪽에

가로세로 25cm의 싱크볼, 세라믹 카운터, 프레임과 수건걸이가 세트로 된 미니 멀티 프로. 폭 40×안길이 29cm 수전 등 포함 ¥302,500 (히라타 타일)

미니 싱크대는 본체 설치와 함께 배관 공사가 필요하다. 표시 가격에 공사비는 포함되지 않는다.

손을 씻는다는 당연한 일이 더욱 중요해지면서 세면실과는 별도로
손 씻을 공간이 필요하다는 이들이 늘고 있다.

심플한 볼에
포인트가 되는 수전

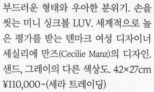

그레이+베이지의 미묘한 색감을 가진 미니 싱크대. 골드 컬러의 수전이 매트한 타일과 어울려 세련되어 보인다. 왼쪽 페이지의 작업 공간에 설치한 세면볼과는 색상만 다른 것.
슈이 컴포트 쁘띠 전용 단수전 ¥49,500
타일 Hi-Ceramics/Balance ¥16,280/㎡
(히라타 타일)

부드러운 형태와 우아한 분위기. 손을 씻는 미니 싱크볼 LUV. 세계적으로 높은 평가를 받는 덴마크 여성 디자이너 세실리에 만즈(Cecilie Manz)의 디자인. 샌드, 그레이의 다른 색상도. 42×27cm
¥110,000~(세라 트레이딩)

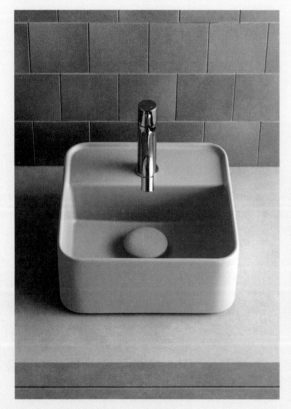

건축 디자인계의 전설 아르네 야콥센. 그가 디자인한 VOLA 익스클루시브 컬러. 골드, 구리, 블랙 크롬. 각 ¥71,000
(세라 트레이딩)

주방과 욕실의 스트레스를
최대한 줄일 수 있는 최신 기기 선택법

주방이나 세탁실을 사용하다 불편함을 느꼈을 때 냉큼 대형마트로 달려갈 것이 아니라
'다음에는 어디를 바꿔볼까' 하고 고민해보는 자세가 중요하다.
주방과 욕실의 기능과 스타일을 추구하는 설계사무소 FILE 대표 이시카와 케이코와 저자 가토 도키코가
삶의 질을 끌어올려 줄 우수한 디자인의 최신 기기를 5가지 테마로 나누어 찾아보았다.

INTERVIEW 1 싱크대와 식기세척기

이시카와 케이코 / FILE 대표

올해 개업 30주년을 맞았다. 바쁜 현대인들이 쾌적하고 아름다운 삶을 살 수 있도록 제안하는 것으로 정평이 나 있다.

가토 코로나19를 겪으면서 생활이 많이 변했습니다. 집안일을 도와줄 아이디어가 점점 더 절실해지고 있는데요, 인기가 많은 터치리스 수전 외에도 추천할 만한 아이템이 있나요?

이시카와 더블 싱크대를 추천합니다. 작은 싱크대는 채소 등을 씻는 볼 대신으로, 전용 철제 바구니를 놓으면 식기 건조대로, 다양하게 사용할 수 있습니다.

가토 카운터도 어질러지지 않겠네요. 비누 디스펜서를 빌트인 하는 것도 좋겠어요. 저는 2인 가구라 손 설거지를 하는데, FILE은 식기세척기를 권장하

시더군요.

이시카와 대용량을 권합니다. 소형은 조리기구가 다 들어가지 않고 가득 채워 넣으면 세척력이 떨어져 결국 쓰지 않게 돼요. 저희 집은 'ASKO' 식기세척기로 아침 점심 저녁 하루치의 식기와 냄비 등을 한꺼번에 돌립니다.

가토 냄비류를 많이 가지고 있군요. 비싼 그릇은요?

이시카와 기본적으로는 손 설거지를 합니다. 식기 세척기용 세제에는 연마제가 들어 있어서 표면 상태가 달라질 가능성이 있어요.

유연하게 사용할 수 있는
더블 싱크대

**하루에도 여러 번 사용하는 것은
얼른 씻어 물기를 제거**

머그컵이나 유리잔 등 하루에도 몇 번씩 사용하는 것은 큰 싱크대에서 손으로 얼른 씻은 후 이 전용 식기건조대(탈부착 가능)로.

채소 씻는 볼 대신

작은 싱크대(유효 치수 : 30×40×높이 17cm)는 채소를 씻기 딱 좋다. 절일 때도 여기서.

얼음을 넣어 파티 싱크대로

이런 재미있는 사용법도. 냄비째 식힐 때도 편리. 'KOHLER' 더블 싱크(약 83×56×높이 19cm). 법랑 외에 신소재인 네오락 제품도 있다.

식기세척기
인원이 적어도
대형을 권하는 이유

큰 냄비와 그릇을 씻을 수 있는 것이 가장 큰 장점

1. 한 번에 들어가는 그릇, 커트러리, 냄비.
2. 'ASKO'의 빌트인 식기세척기. 프리미엄 모델인 DFI675를 추천한다. 넣기 쉽고 용량이 크다.

다만 유약이 잘 발린 것이라면 식기 세척기를 씁니다.

가토 시간이나 물의 양은 어느 정도입니까?

이시카와 약 2시간 반으로 긴 편이지만 물의 양은 헹굼까지 포함해 10ℓ 정도예요. 물을 끼얹어 더러움을 불린 후 세척해요. 기기 안에서 잠시 물에 담갔다가 세척하기 때문에 카레를 만든 냄비도 여벌 세척 없이 깨끗해져요. 세제는 타블렛 2알 정도로 극히 적고 필터 자동 세척 기능이 있어 내부가 항상 깨끗합니다.

가토 해외 브랜드의 대용량 식기세척기가 세계적으로 품절될 정도라고 들었습니다. 오븐도 인기가 높은데, 설치 장소가 가스레인지 아래라면 불편하지 않을까요?

이시카와 일본산 빌트인 오븐은 가스레인지와 세트예요. 같은 브랜드 제품을 연결시켜 놓은 구조지요. 반면 대부분의 해외 제품은 단일 제품으로 배기가 가능하기 때문에 원하는 장소에 빌트인할 수 있어요. 가스레인지 아래에 두면 쓸 때 번거롭기도 하고, 오븐을 수납장처럼 쓰는 게 안타까워서 저희는 가능한 한 눈높이 위치에 설치해 드립니다.

가토 도키코

세제도 깔끔하게 빌트인

세제 병 주위의 오염 때문에 걱정할 필요가 없다. 손 세정 겸용의 순한 주방세제를 넣는다. 손 세정용과 식기용으로 2개를 세팅하는 경우도 있다.

오븐의 위치는
눈높이에 맞춰

훌륭한 기기도 잘못된 장소에 둔다면 무용지물

잘 사용하면 큰 도움이 되는 오븐. 쪼그리고 앉아야 한다면 사용 빈도가 떨어지므로 반드시 눈높이 위치에.

데드 스페이스가 되기 쉬운
코너의 사용법

1. L형 코너의 수납물을 완전히 꺼낼 수 있는 슬라이드 랙. 이것을 보고 L형 플랜으로 하는 경우도 많다.
2. 가스레인지 밑에는 헤펠레(Hafele)의 슬라이드 랙. 넣고 빼는 스트레스로부터 해방된다.

쓰레기를 버릴 때까지는
'수납'으로 생각

쓰레기통은 'Hailo'의 40ℓ를 2개. 하나에는 타는 쓰레기, 다른 하나에는 병, 캔, 페트병을 넣어 구분.

INTERVIEW 2

요리 시작에서부터 쓰레기 버리기까지
물 흐르듯 작업할 수 있는 수납

가토 신중히 고려해서 수납하면 물건을 넣고 빼기가 편하고 움직이기 쉬우며 잘 어질러지지도 않습니다. 물건이 잘 관리되니 과소비도 하지 않게 돼죠. 다만 아파트 같은 공동주택은 기본형 주방이 적지 않습니다.

이시카와 기본형 주방은 서랍을 크게 만들고 수를 줄여 비용을 줄이는 경향이 있죠.

가토 L형 코너에 대해서는 포기하고 사는 분도 적지 않습니다.

이시카와 입구가 좁고 안쪽이 굉장히 넓은 패턴을 자주 봅니다. 물건을 쑤셔 넣을 수밖에 없는 구조예요.

가토 다만 L형과 凹형 플랜은 움직이기 편하고 짧은 쪽 변에 가스레인지를 설치하면 요리 중에도 거실 쪽 상황을 알 수 있는 장점이 있다고 들었습니다. 시중에는 코너 문과 연동된 풀 슬라이드 와이어 랙도 있는데, FILE이 추천하는 랙은 상당히 견고한 구조군요.

이시카와 제조업체에서 하나씩 만들고 있습니다. 무거운 것을 놓아도 아무 문제가 없으며 안정감 있고 망가질 염려가 없어요.

가토 철물은 편리성 면에서 중요하죠. 가스레인지 밑에도 설치하는군요.

이시카와 가스레인지 아래는 대부분 깊은 서랍인데, 냄비를 포개 쌓아야 하고 넣고 빼기도 어렵습니다. 이 스타일이어야 실용적이고 편리해요.

모든 공간을 다 쓰기 위해
선반널은 많이, 안길이는 얕게

카운터는 너비보다
안길이를 중시

카운터 너비는 신경 쓰면서 안길이를 간과하는 경우가 있다. 대면식은 90cm 정도면 요리와 상차림을 양면에서 하기에 편리하다.

1. 선반널이 적으면 평평한 접시 등을 너무 겹치게 되어 아래 물건을 꺼내기 불편하다. 선반널은 많은 것이 정답.
2. 작은 조미료 병이나 유리병이 행방불명되지 않도록 안길이 15cm 전후의 얕은 선반을 추천한다.

가토 이것들은 지금 쓰고 있는 주방에 추가로 설치할 수 있나요?

이시카와 철물의 크기가 정해져 있어 아쉽게도 어렵습니다. 저희 주문 주방에는 기본적으로 설치됩니다.

가토 쓰레기통의 경우, FILE의 플랜은 거의 빌트인이네요.

이시카와 거치형일 경우 문 앞 등 뭔가에 걸려 방해가 되기 때문입니다.

가토 어린이나 반려동물이 있는 가정에서도 안심이겠군요. 음식물 분쇄기가 없는 경우, 냄새 대책은 있습니까?

이시카와 각자의 상황에 따라 세심하게 연구하고 있는데요, 신경 쓰이는 분을 위해 서랍 안쪽에 방취용 숯 도료를 바르고 있습니다.

가토 다음은 사이즈에 대해 말씀드리고 싶은데요, 조리대의 안길이가 충분하지 못한 집이 많은 것 같더군요.

이시카와 I형의 경우 60~65cm가 많은데, 물건 둘 공간을 고려해 FILE은 70cm를 권장하고 있습니다. 이 5cm, 10cm의 차이가 실제 쓰다보면 상당히 크거든요. 대면 아일랜드는 90cm~1m 10cm가 적정 사이즈입니다.

가토 수납장도 마찬가지지만, 너비만 신경 쓰고 안길이에 대해서는 주의를 기울이지 않는 일이 없도록 조심해야겠네요.

INTERVIEW 3

가스레인지로 할 수 있는 일이 많아지고 있다
모르면 손해!

가토 가볍게 리폼하려고 할 때 그릴이 달린 가스레인지를 교체합니다. PC처럼 몇 년에 한 번은 교체하는 것이 좋다는 공식이 있습니까?

이시카와 몇 년에 한 번 바꿀 필요까지는 없지만, 그릴이 갑자기 발전한 시기가 있었어요. 이전까지는 단면 구이에서 양면 구이가 가능하게 되었다거나, 가열할 때 물을 넣지 않아도 된다는 정도의 변화였지만 지금은 놀라울 정도로 다기능화 되었습니다.

가토 그중에서도 추천할만한 우수한 기종이 있습니까?

이시카와 우선은 프로그레(PROGRE)를

들 수 있어요. 냉동 닭다리살을 넣으면 그대로 해동해 구워내는 해동 구이 기능이 매우 편리합니다. 또한 빵의 발효부터 굽기까지를 자동으로 할 수 있는 발효 구이 기능, 훈제, 저온 조리 등 이전에는 없었던 기능을 갖추고 있어요.

가토 대형 오븐이 없는 분들에게도 희소식이군요.

이시카와 캐서롤에 넣으면 밥을 지을 수도 있고 데울 수도 있어요. 전자레인지가 따로 필요없어요.

가토 이번 취재에서는 '플러스 두'의 가스레인지도 많이 보였습니다. 본격적인 주물 삼발이로 디자인이 세련되더군요.

Noritz
플러스 두

본격적인 주물 삼발이가
냄비 이동도 편리하게

상판과 페이스 패널은 스테인리스. 삼발이는 주물과 엄선된 소재로 만들었고 디자인도 훌륭하다. 가스레인지 조작 손잡이를 상판 위에 배치하여 시인성과 조작성을 향상. 가정용 가스레인지는 최대 4,510kcal/h의 강한 불을 사용할 수 있다 (왼쪽 버너는 13A만).
빌트인 가스레인지 플러스 두 W75cm ¥302,500 (노리쯔)

Gaggenau
가게나우

미니멀하고 세련된 바베큐 그릴과 인덕션

바베큐 그릴(오른쪽 끝), 인덕션, 가스버너를 세트로. 바비큐 그릴(VR 230 434 ¥330,000)의 히터 밑에는 용암석이 채워져 있어 떨어진 기름을 흡수하고 증발시켜 냄새가 거의 나지 않는다.

Noritz
프로그레

다양한 조리가 가능한 멀티 그릴
오븐이 없어도 된다

석쇠를 없애고 전용 플레이트 팬과 캐서롤을 사용하며, 위쪽 버너와 온도 센서가 부착된 아래쪽 버너로 가열한다. 굽기, 논프라이, 데우기는 얇은 전용 플레이트 팬을 이용. 삶기, 찌기, 빵 만들기는 깊은 전용 캐서롤을 이용한다. 빌트인 가스레인지 프로그레 W75cm ¥339,900 W60cm ¥334,400 (노리츠)

이시카와 네. 삼발이가 연결되어 있어서 조리 중에 냄비를 옆으로 비켜 놓을 때 편합니다. 뚝배기나 스타우브 냄비를 놓을 때도 안정감이 있지요. 스테인리스 상판은 청소가 편하고, 15년 이상 된 스테디셀러이기 때문에 삼발이나 작은 스위치 하나까지 교환이 가능하다는 점에서도 믿음이 갑니다.

가토 그 밖에 재미있는 디자인의 가게 나우 바비큐 그릴도 인기죠. 용암석의 원적외선 효과로 숯불에 구운 것처럼 식재료를 부드럽게 구워냅니다. 주방에서 일하는 게 즐거워질 것 같아요. 오픈 주방 중에 해외 브랜드의 가스레인지를 선택하는 경우도 있습니까?

이시카와 고화력의 4구짜리 제품은 흔치 않아서 선호하시는 분도 있습니다.

가토 그렇군요. 그 다음으로 선택할 때 고민하는 것이 환풍기인데요, 청소하기 쉬운 제품을 빼놓을 수가 없죠.

이시카와 질리오(Giglio)는 디자인이 인기인데 윗부분이 둥근형이라 닦기 쉽고 정류판도 작아 세척하기 쉽습니다. 페데리카(Federica)는 필터리스로 핀도 원터치 탈착+하이퍼 클린 도장이라 관리하기 편합니다.

Asko
아스코

북유럽 브랜드다운 멋과
고화력 버너가 매력

레스토랑의 오픈 주방처럼 보이는 멋진 디자인의 가스레인지. 폭 794mm로 일본 주방에 적합한 크기이며 고화력에 대·중·소 버너가 균형 있게 갖춰져 있어 약한 불 요리부터 볶음이나 많은 양의 물 끓이기까지 폭넓게 사용할 수 있다. ¥473,000 (쓰나시마 상사)

가스레인지 후드의 개념을 바꾼 아름다움과 편리함

이탈리아의 디자인과 일본의 장인정신이 융합된 것.
1. 15가지 패턴의 색상과 마감 방식이 있는 페데리카. ¥258,500
2. 질리오 ¥220,000 둘 다 덕트 커버는 별도 판매. (아리아피나(ARIAFINA))

Ariafina

페데리카, 질리오

진공 서랍(vacuum drawer)

진공 기능의 멀티 플레이어

요리를 보조하거나 재료 보관 시에 도움이 된다. 전용지에 연어와 마리네 액을 넣고 버튼을 눌러 진공상태로 만들면 몇 분 만에 맛이 잘 밴 마리네를 만들 수 있다. 경수채 샐러드 만들 때도 이용. ¥495,000~ (ASKO/쓰나시마 상사)

와인 서버

AI가 와인 라벨을 읽어 최적의 상태로 저장

와인 서버 안에 병을 넣으면 AI가 라벨을 읽어 적당한 온도로 저장해준다. 코르크를 뽑지 않고 특수한 니들로 와인을 추출하며 그 후에는 아르곤 가스를 투입해 철저하게 산화를 방지한다. 왼쪽 사진의 상부는 병 2개가 들어가는 와인 서버. 하부는 와인 셀러. 참고 상품 (ASKO/쓰나시마 상사)

INTERVIEW 4 시간 단축! 최신 사양 가전

가토 FILE의 교토 쇼룸(P.130 참조)에는 엄선한 최신 기기가 갖추어져 있더군요. 실제 조리 과정을 보고 나서야 비로소 성능을 이해할 수 있었던 것 같습니다.

이시카와 제가 사용해 보고 추천할 만한 것들만 골랐어요. 요리에 시간을 많이 쓸 수는 없지만 맛있는 것만 먹고 싶다(웃음)는 고객에게 호평을 받고 있습니다.

가토 이 서랍이 진공 서랍이군요. 진공 팩을 위한 단품 가전은 많이 있는 편인데, 빌트인이라 사용하기 쉬워서 사용 빈도가 늘어날 것 같네요.

이시카와 네. 고형물뿐만 아니라 스튜 등의 액체도 진공으로 만들어 저장할 수 있어요. 순식간에 밑간을 할 수 있어 저장과 조리 시간 단축에 기여하는 바가 큽니다. 병조림이나 치즈, 고기와 채소 저장 등 매우 훌륭한 멀티 플레이어예요.

가토 그리고 스팀 오븐이 있죠. 진공 서랍과 세트로 레스토랑급 요리도 즐길 수 있을 것 같네요.

이시카와 네. 오늘은 진공으로 오리에 밑간을 배게 한 후 요즘 화제가 되고 있는 저온 요리법으로 촉촉하고 부드럽게 만들었어요. 이 두 기기를 잘 사용하면 냄비 등의 조리기구를 쓰지 않아도 되니 설거지하는 번거로움도 사라져요.

가토 잘 알려져 있지 않지만 일상적으로

스팀 오븐

하나로 3가지 역할
수고하지 않고 맛있는 요리를

전기오븐, 스티머, 스팀 오븐의 기능을 가지고
있으며 찌기, 삶기, 밥 짓기, 굽기 등 멀티로 사
용할 수 있다. 최근 화제가 되고 있는 저온 진공
조리 모드도 완비.
1. 오리를 저온에서 천천히 가열.
2. 토란 등의 채소 구이. 소재의 맛을 끌어낸다.
¥60,5000~ (ASKO/쓰나시마 상사)

IH 쿠킹 히터

셰프의 테이블에 최적인 핸섬한 디자인

히터 부분의 유리를 광택 없이 매트하게 마감한 것이 특
징. 거실에서 봐도 거부감이 없고 고급스러운 인테리어와
도 잘 어울린다. 저온 조리한 오리를 고소하게 구워 마무
리한다. 파를 곁들여 담아낸다. 참고 상품 (ASKO/쓰나시마
상사)

편리하게 사용할 수 있는 방법이 있을까
요?
이시카와 콤비 스팀으로 밥도 맛있게 지을
수 있습니다. 또한 스팀 100℃에서 병을
삶기도 편리하죠.
가토 전자레인지 기능을 원하는 분에게는
어떤 팁을 주실 수 있을까요?
이시카와 이야기를 들어보면 대부분 냉동
밥이나 도시락을 데울 때 전자레인지를 사
용하시더라고요. 밥은 진공 서랍에 넣어 진
공상태로 만든 후 냉동이 아닌 냉장 보관
하고 스팀으로 데워 드시면 됩니다. 시간이
조금 걸리지만 스팀 오븐을 이용해 맛있게
드실 수 있는 방법을 알려드려요. 그러면
전자레인지를 포기하는 분이 많아요.

가토 그렇군요. 이 중에서 놀라운 것이 와
인 서버였어요. AI 탑재 가전이 이렇게나
발전했나 싶어서요. 이 IoT 머신은 어떨
때 반응이 좋은가요?
이시카와 파티 때보다는 혼술이나 부부가
집에서 술을 마실 때 좋아들 하세요. 예컨
대 나이가 들면 여유가 생기고 입맛도 고
급스러워지잖아요. 좋은 와인을 즐기고
싶지만 주량이 따라주질 않아 선뜻 와인
병을 따지 못하죠. 그래서 사는 낙이 줄었
다는 분들에게 최적이라고 생각해요.
가토 설득력 있는 스토리네요(웃음). 양도
설정할 수 있으므로 하루 한 잔 90cc로
세팅하면 적당량을 즐기는 습관을 갖게
되겠어요.

고급 의류를 안심하고 세탁할 수 있다

의류에 적합한 온수와 회전수로 얼룩을 제거한다. 건조기
도 적당한 반건조로 끝내는 다림질 말림 등 여러 가지 설
정이 가능. 세탁기는 쇼크 업소버(shock absorber)라는 네
다리로 드럼을 지탱하고 있어 탈수 시 고속회전의 흔들림
을 흡수하는 것이 특징. (슬라이드 선반은 이미지)

INTERVIEW 5 　고급 세탁설비가 주는 편리함

> ❝ 좋은 가전제품을
> 사용하면
> 그동안 무엇을
> 참고 살았는지
> 알게 돼요. ❞

가토 수입 세탁기가 갖고 있는 가치란 무엇일까? 취재를 해보니 여러 가지 차이가 보였습니다. 일본 제품은 적당한 가격과 대용량 세탁에 가치를 두는 경향이 있습니다. 반면 유럽의 고급 세탁기는 여성의 시선에서 보다 섬세하게 설계되어 있어요. 수긍이 가면서 조금 충격적이었어요.

이시카와 네. 저희집은 스웨덴 'ASKO' 세탁기와 건조기를 6년째 애용하고 있는데 만족스러워요.

가토 일본 제품은 오염을 세제로 지우는 반면, 유럽 제품은 액션과 온도로 지운다는 큰 차이가 있다고 해요. 피지는 찬물보다 뜨거운 물에 지워진다는 점에

서 이치에 맞아요.

이시카와 기기 내 히터가 프로그램에 따라 20℃에서 90℃까지 온도를 설정합니다. 보통 60℃에서 세탁하는 경우가 많지만 민감한 의류는 20℃, 민감하지만 오염된 것은 40℃, 타월은 고온으로 구분해 세탁합니다. 일주일에 한 번 드럼 청소 프로그램을 가동해 곰팡이 방지 살균을 할 수 있는 것도 크게 안심되는 부분입니다.

가토 면, 합성 섬유, 울, 진한 색 의류, 민감한 의류 등으로 프로그램이 세분화되어 있어 각각 시험해보고 싶어요. 뜨거운 물로 세탁하는 걸 바라는 분이 많은데, 유지비는 어떤가요?

근사한 디자인도 큰 매력. 조작 표시 버튼과 로고도 알기 쉬우면서 디자인이 예쁘다.

❝ 20년 쓴다고 생각하고 가전제품 한 번 바꿔볼까? ❞

이시카와　본세탁만 뜨거운 물로 하고 나머지는 찬물을 쓰기 때문에 별로 걱정하지 않아도 됩니다. 물의 양은 일반 일본 제품의 약 절반이에요.

가토　세탁기와 건조기를 따로 사는 것도 철칙이더군요. 세탁기의 건조 기능은 좁은 기기 안에서 의류를 건조하므로 아무래도 주름이 생기죠. 반면 좋은 건조기의 숨은 공로는 주름을 잡아주는 것이라는 말도 있어요.

이시카와　네. 이 건조기는 일반적인 건조기와 구조가 달라 건조 중에 반대 방향으로 돌지 않아요. 부하를 가하지 않고 한 방향으로만 회전하기 때문에 확실히 주름이 잘 생기지 않습니다.

가토　정말 잘만 사용한다면 세탁소에 가지 않아도 되겠네요.

이시카와　그런 것 같아요. 그리고 세탁기는 빌트인을 추천합니다. 수입 세탁기는 직접 배수되므로 세탁판을 놓을 필요 없이 깔끔하게 들어갑니다. 세면실은 세탁기 주변부터 어수선해지니까요. 또한 윗부분은 카운터 역할을 해 빨래를 개거나 다림질을 하는 등 작업대로 활용할 수 있어요.

가토　먼지가 쌓이지 않아 청소면에서의 장점도 매우 크겠군요. 고장 시 유지 보수는 괜찮은가요?

이시카와　기기를 끄집어내 손볼 수 있어요. 고장이 나지 않는 것에도 가치를 두고 있어 20년 가까이 쓰고 있는 분들도 적지 않습니다.

Kitchen and Bathroom for Mindfulness

마음을 정돈하는 곳
평온한 일상을 담은 곳

《나를 담은 집 - 나를 닮은 인테리어》를 많은 분이 좋아해주셨습니다. 그래서 다음에는 생활의 기본이 되는 주방과 욕실에 대해 써보자고 생각하게 되었습니다. 살면서 이렇게 열심히 손을 씻어본 적이 없던 시기에 시작한 일입니다.

방법론에 대한 것뿐만 아니라 물과 관련된 몇 가지 이야기를 전할 수 있었으면 해서 조금은 정신적인 부분을 강조했을 수도 있습니다.

하지만 지금 생각해보니 우리는 주방과 욕실이라는 장소를 통해 가족을 지키고 사랑하는 것 같습니다.

그곳을 정돈하고 평온한 일상에 감사하며 지냈으면 합니다.

이 시기에 흔쾌히 자택으로 초대해준 분들 덕분에 이 책을 만들 수 있었습니다.

전작과 마찬가지로 도움을 주신 설계사무소 FILE의 이시카와 케이코 씨, 편집부의 가토 유카리 씨, 따뜻한 두 분과 함께 일할 수 있었던 것은 선물 같은 일이었습니다.

포토그래퍼, 스타일리스트, 사쿠라이 사무실 여러분, 그리고 어시스턴트 요코 씨, 정말 감사합니다. 또한 주방과 욕실에서 행복한 기억을 많이 갖게 준 나의 가족에게도 사랑과 감사를 보냅니다.

이 책이 여러분의 삶에 도움이 되기를 바랍니다.

가토 도키코

협력숍 INDEX

아이자와 0256-63-2764
아스텍 도쿄 쇼룸 03-6435-4726
아펙스 027-370-5678
아리아피나 042-753-5340
ideaco 0120-188-511
ECOVER 0120-619-100
오이시 앤 어소시에이트 0120-520-227 russelhobbs.jp
오카 073-488-0336
가게나우 도쿄 쇼룸 03-5545-3877
카시나 · 익시 아오야마 본점 03-5474-9001
가라나라노키 03-3465-3667
크라이스&컴퍼니 03-6418-1077
글레데 https://glaede.jp/
코센티노 재팬 ask@cosentino.jp
컴포트 오테마치 쇼룸 03-6372-6180
sarasa design lab 03-6447-0131
scope https://www.scope.ne.jp
세라트레이딩 03-3796-6151
SELFULL (hamam) 03-6425-6457
soil 076-247-0346
쓰나시마 상사 본사 (도쿄) 쇼룸 03-6712-5721
오사카 쇼룸 072-657-9907
TOYOURA showroom TOKYO 03-6416-3607
니치요샤 03-6777-1166
NORITZ 콘택트센터 0120-911-026
노다법랑 03-3640-5511
바바구리 03-3820-8825
히가시아오야마 03-3400-5525

비자인 https://besign.jp/ZACK-40082
히라타 타일 도쿄 쇼룸 03-5308-1135
FILE 도쿄 03-5755-5011
FILE 교토 075-722-7524
Lapuan Kankurit 오모테산도점 03-6803-8210
LINE & DECOR 03-5790-9685
리빙 모티프 03-3587-2784

※ 본서에 게재된 상품 정보는 2021년 7월 기준이며
　 예고 없이 품절 · 사양 변경이 될 가능성이 있습니다.
※ 다른 설명이 없는 경우, 상품 가격은 부가세가 포함된 가격입니다.